沖浦和光

新装版

竹の民俗誌

日本文化の深層を探る

現代書館

竹の民俗誌＊目次

写真提供＝矢野直雄氏、吉越立雄氏、青森県天間林村教育委員会、福島県三島町教育委員会、福島県立博物館、福井県立若狭歴史民俗資料館、鹿児島県歴史資料センター・黎明館、久比部落資料館、香雪美術館、サントリー美術館、東京国立博物館、国立国会図書館、宮内庁、オリオンプレス

第一章

竹をめぐる思い出

鹿児島の筌漁

一　竹の民俗と文化

花綵の島々

日本列島は、北海道山地の亜寒帯から南西諸島の亜熱帯まで、およそ三五〇〇キロメートルにわたって南北に連なっている。南海から黒潮が流れ込んでくるこの列島は、気候も温暖で、四季ごとに美しい花々が咲き揃う島々であった。この細長い島弧《とうこぐん》群は、いつの頃からか「花綵《はなづな》の島々」と呼ばれてきた。地形も変化に富み、土壌や水分環境も良好だったので、世界でも指折りの森林の国であった。そして、種子植物だけでも約四〇〇〇種があるという豊かな植生に恵まれていた。

タケ・ササも、その種子植物の仲間であった。豊かな森林帯のまわりに育つタケ・ササは、ヒトがこの列島に住み着くはるか以前から自生していたのである。タケ・ササは、亜寒帯を除けばこの列島のどこにでも見られ、私たちが最も慣れ親しんできた植物である。この列島の自然風土をイメージする時、緑なす山々、その麓を流れる小川のせせらぎ、そして竹藪に囲まれた静かな村里――このような農村のたたずまいをまず思い浮かべる人も少なくないだろう。昔変わらぬ日本の原風景である。

人間に生まれ故郷があるように、数百種と推定されているタケ・ササ類にもそれぞれ古里《ふるさと》がある。気候や土壌の条件が大きく違う異国では、なかなかうまく育たない。日本のタケを代表するマダケ（真竹）は、九州が原産地と見られているが、東北地方が北限で、亜熱帯性の台湾では見あたらない。

竹と凡草衆木

もちろん、《竹》にまつわる話は、そのような自然景観の問題に尽きるのではない。人間の物質生活に役立つ森林資源としても、その精神生活と深く関わる民俗や文化の歴史においても、日本のタケは、この列島の植物の中でも特異な役割を果たしてきたのである。

有史以前から、タケ・ササは有用な植物として目をつけられてきた。タケ・ササを素材とした製品は、縄文時代の遺跡からも出土している。農耕が始まった弥生時代に入ると、「籠《かご》」や「箕《み》」や「笊《ざる》」などの生活用具として、あるいは「櫛《くし》」や「竹玉《たかだま》」などの装身具として、広く竹製品が用いられるようになった。

それらの竹製品は、生活に役立つ道具であるだけではなく、神秘的な呪具としても用いられた。どこにでも生えている〈凡草衆木《ぼんそうしゅうぼく》〉とは違って、《竹》には超自然的な働きをする霊力《れいりょく》があると信じられていたのである。それゆえに、呪術《じゅじゅつ》の用具とし竹器《ちっき》が用いられたのだ。この列島における〈竹の民俗誌〉を考える際には、このことはまず念頭においておかねばならない。農耕用具はもちろんのこと、運搬具や貯蔵具としても、軽くて丈夫な竹製品は重宝された。海や川の漁労でも、「筌《うけ》」、「簗《やな》」、「篊《ひび》」「魚籠《びく》」などの漁具が作られた。「旗竿」や「弓矢」などの武具も作られた。これらはすべて『古事記』『日本書紀』『風土記』などの古文献に出てくるから、タケ・ササの多かった地方では、古墳時代の頃にはかなり用いられていたのである。

先史時代から、祝祭には舞踊と歌唱がつきものだったが、原始の時代の楽器は、ごく単純な打楽器と笛であった。マツリ囃子《ばやし》には、早くから竹笛が用いられたのではないか。竹管《ちくかん》の空洞の響きを利用すれば、笛を作るのはそんなにむつかしくはなかった。「笙《しょう》」や「簫《しょう》」のような精巧な竹管楽器もしだいに作られるようになった。正倉院の収蔵物にみられるように、それらは中国や西域から伝わった物が多かった。

中世の時代、猿楽能の『自然居士《じねんこじ》』に出てくるが、遊芸民が用いた素朴な竹製の民俗楽器に「簓《ささら》」があった。タケの多いスラウェシ（セレベス）やボルネオの諸島では、神事や村祭りには今でも簓が盛んに用いられている。その源流は南太平洋の島々で、黒潮に乗ってこの列島に伝わったのだろうか。

建築や土木の資材としても、タケは大いに役立った。軽くてバネがあり細長く割くことができるので、大変使い勝手のよい材料であった。節間のあるタケは、水を入れたり通したりする筒としても役立った。土器や鉄器がなかなか手に入らない山や海の民にとっては、「竹筒《たけづつ》」が一番役立った。便利な水筒になり、煮炊きや酒作りにも利用できた。

今から約一二〇〇年前の長岡京では、一〇〇メートルに及ぶ長い排水溝にマダケが用いられていたことが発掘で分かった。節を抜いたタケをパイプとして利用したのだ。雨水を集めて流す「樋《とい》」や、水を引く「筧《かけい》」も、同じ原理の応用である。

中世から近世へ竹文化の変遷

タケ・ササの茎である稈《かん》、それに根や葉も、早くから「生薬《しょうやく》」として用いられた。タケの芽は筍《たけのこ》であるが、その筍も精力のつく食物として愛好された。中国の〈二十四孝〉の一人として知られている孟宗《もうそう》は、病弱の母親のために寒中に筍を探した。その故事から、中国大陸に多いその竹はモウソウチクと呼ばれるようになった。この筍は美味であるだけではなく、滋養分があって食養生《しょくようじょう》に効くとされていた。

中世に入ると、竹は茶道や華道に積極的に取り入れられた。「茶杓《ちゃしゃく》」や「茶筅《ちゃせん》」、それに最もシンプルに自然美を象徴する「花器」としても愛用された。茶の湯座敷を源流とする数寄屋《すきや》造りの建築でも、竹はその独特の様式の欠くことのできない素材となった。

桂籠花入。千利休の花器。桂川の漁師から譲りうけた魚籠をそのまま用いた（香雪美術館）

かくして《竹》は、㈠霊力を秘めた呪具から、㈡生活のための実用具、さらに㈢芸術のための素材へとしだいに昇華《しょうか》していった。そのような風流の意匠に竹を用いたのは、よく知られているように不世出の異才・千利休（一五二二〜一五九一）であった。「雪踏《せった》」は、竹皮の草履《ぞうり》に牛皮を張ったきわめて丈夫な履物《はきもの》であるが、これもまた千利休の考案と伝えられている。

古代から中世初期にかけては、温暖な南九州を除いて、竹林はまだ全国的には広がっていなかった。山野に見られたのは、おもに自生しているササ類であった。畿内《きない》やその周辺地域では、立派な竹林は数少なく、ほとんど権門勢家《けんもんせいか》の庭園や特定の荘園で栽培されていたと思われる。

竹林の造成技術が各地に伝わり、竹材がいろんな分野で用いられるようになったのは、中世も南北朝を過ぎてからであろう。すなわち、荘園制が完全に崩解して、農民の自治的な共同体である惣《そう》村が各地で形成されるようになってからである。一五世紀の頃の竹林の経営についてはほとんど史料が残されていないが、あとでみるように当時の朝廷経済と深く関わっていた山科《やましな》家の『山科家礼記』によってその一部を知ることができる。その所領で公事銭《くじせん》を徴集してタケを栽培させ、数多くの「竹供《く》御人《ごにん》」「竹売」を使役していたのである。

室町期も後半に入ると、惣村を中心に自給自足経済が発展し、治水灌漑《ちすいかんがい》のために竹林の造成が盛んに行われ始めた。千利休が竹に目をつけたのはその頃であった。急ピッチで変化していく時代の趨勢《すうせい》を鋭く感じとったのであろう。堺の町人衆から出た芸術家として、さまざまの創意工夫を実用化したが、〈竹の文化〉も貴族文人の占有物から解き放ったのである。

しかしながら、全国各地に竹林が広がり、竹材の利用が産業の各領域まで一挙に広がっていったのは、実に近世に入ってからである。

二　アジアは竹の古里
——照葉樹林帯と南太平洋の島々——

森林国日本、竹林国日本

ヒトの誕生以来、人類と植物とは深い縁があった。そもそも植物が存在しなければ、ヒトの生命活動そのものがありえなかった。ヒトはさまざまな植物を育てて生きるための糧とし、その緑を愛《め》でて心の慰めとした。この列島に生きた人びとは、豊かな植物相の恵みを受けてきたが、タケ・ササもなくてはならぬ生活の糧であった。

日本は世界有数の森林国で、国土の六六パーセントが森林である。これほど森林の割合が多い国は、広大なアマゾン川流域にあるブラジル、南太平洋の島々に広がるインドネシア、それにアフリカのいくつかの国々だけである。いずれも常緑樹を主体とした熱帯降雨林の多い地方だ。

樹木の生長の著しい熱帯降雨林がないのに、豊かな森林相を持っているのはたぶん日本だけだろう。そして、その森林の周辺にタケ・ササがいたる所で見られるのも、この日本の植物相の際立った特徴の一つである。すなわち、森林国日本は、世界有数の竹林国でもあった。

ところで、最も親しみを感じる植物を一つ挙げよと改めて問われたならば、誰もがしばらくは考えるだろう。山野に遊ぶことも少なく、森林や河川などの自然環境に恵まれていない今日の若者ならば、近頃はやりの温室育ちの観賞植物の名を挙げるかも知れない。しかし、中年以上ならば、《竹》と答える人が多いのではないか。私もその一人である。

さて、北方の寒冷地と乾燥した砂漠地帯を除けば、地球上のどこにでもタケ・ササは分布している。しかし、目立って多いのは、温帯から熱帯にかけてのアジアである。タケ・ササの原郷はアジアである。その地に生きてきた人たちの民俗や文化との結びつきがとりわけ深いのも、アジアの竹である。

世界各地には、多種多様のタケ・ササが生えていて、その種類は数百種に及ぶ。アフリカや南アメリカでは、タケの多くは野生種である。すぐ利用できる有用種が少ないこともあって、積極的に栽培されることはあまりない。したがって、エチオピアなど一部の地方を除いて竹に関わる民俗はあまり見られない。籠や笊なども、木の皮や蔓《つる》で編まれることが多く、人出で賑わう市場でも竹製品はあまり見かけない。

気温の低いヨーロッパでは、自生しているタケはまずない。温暖な地中海沿岸ならばタケ類も充分に育つのだが、岩山が多い地味《じみ》がタケの生育に適していないのだろう。大都会の庭園などでたまにタケを見かけても、そのほとんどが移植された観賞種である。アジア特産の珍しい植物として、近代に入ってから珍重されるようになったのだ。

中国大陸の竹文化

日本とよく似た竹林が見られるのは、やはり中国である。それも西南日本の気候風土とよく似ている揚子江（長江）流域の江南《こうなん》地方、さらにその南に広がる華南《かなん》地方である。いずれも温暖な米作農耕地帯である。黄河から北方になると、冬は厳しい寒冷地になるから、竹林の生育にはあまり適していない。

竹林の七賢人を描いた中国の陶版画

『周礼《しゅらい》』は、紀元前八、九世紀の西周の時代について述べた古書である。実際はかなり後の戦国時代末期に成ったと推定されているが、その中に、竹製の用具や竹管楽器についての記述がある。いずれにせよ中国大陸では、紀元前から竹はかなり広く用いられていたのである。

その『周礼』に卜筮《ぼくぜい》が出てくるが、「筮竹《ぜいちく》」による占いがすでに行われていたのだ。「笙師《しょうし》」という官職は、竹管楽器によって奏楽を教える仕事である。

中国では、植物の繊維で作られる紙が普及するまでは、文字を書くために竹の札がよく用いられた。竹材を原料として紙も作られた。その「竹簡《ちくかん》」や「竹紙《ちくし》」は、今ではすっかり忘れられてしまっているが、世界最古を誇る中国文化の発展に寄与してきた。また、竹カンムリの漢字には、筆・箱・箒など竹製の道具をさす文字はもちろんのこと、符・第・節・等・算・築・範・策・答・簡・簿・籍・笑など人間の文化的な営みに関する表意文字が多い。そのことは、竹は古い時代から、民衆を統治する支配文化と深く結びついていたことを物語っている。

例えば〈竹の園生《そのう》〉〈竹林の七賢人〉〈松竹梅〉〈竹馬の友〉——このような中国の竹にまつわる故事成語は、さまざまの書物を通じて日本の文人にも早くから伝わっていた。

〈竹の園生〉であるが、この竹は、きれいに手入れされたモウソウチク（孟宗竹）だろう。貴人たちが誇る中国宮廷文化は、モウソウチクの立派な竹林によって象徴された。モウソウチクは中国大陸の竹文化を代表する。全土に生育するタケの七〇パーセントは、このモウソウチクの一族だ。このタケが日本に入ってきたのは、ずっと後の江戸時代である。

この列島に関する最初の博物誌である『風土記』をみても、竹に関する記述は意外に少ない。その頃は、この列島のどこにでも竹林が見られたわけではなかった。『万葉集』に出てくる竹・笹を詠み込んだ歌をみても、竹はまだ貴族官人の観賞用といった色合いが強い。彼らも〈中国の先進文化を表象する竹〉を脳裏に描きながら、庭竹を大事に育てて賞美していたのだ。

さらに注目されるのは、アジアの各地で、〈竹にまつわる神話・伝承・民話〉が古くから伝わっていることだろう。あとでみる『竹取物語』も、その一つであった。竹から産まれた始祖誕生伝説は、照葉樹林帯や南太平洋の島々など、竹の多い地方では先史時代から語り伝えられてきたのである。つまり、アジアの《竹》は、その地方における民俗と文化に深く関わってきたのである。

温帯系のタケ、熱帯系のタケ

タイ・ミャンマー・マレー半島のあたりを旅行すると、よほどの高山地帯でなければ、どこに行ってもタケが見られる。だが、日本の竹林とはどことなく感じが違う。農家のまわりのタケは野生種ではないが、ほとんど自然のままに放置されている。年中暑くて雨の多い東南アジアでは、植物の生育のスピードも速いから、丹精こめて栽培するという意識がもともとない。大小いろんな種類があるが、密生して勝手気ままに生い茂っている。

熱帯の巨大なタケ。インドネシア、スンバ島

日本のタケの九五パーセント以上が、〈温帯系のタケ〉である。このタケは、地下茎が長く這って先へ先へと広がっていく単軸型である。つまり、地下茎の先の方の芽が、どんどん地中で伸び、新しい地下茎となって広がっていく。そのあとの芽は、すべて地上に伸びて若タケになる。だから、適当な間隔をおいたバラ立ちの竹林になる。私たちが見慣れているマダケ・モウソウチク・ハチク（淡竹）

などはみなこの類である。

ところが、東南アジアやインドなどの〈熱帯系のタケ〉は、地下茎が短い連軸型である。地下茎が地中で先へ先へと伸びるのではなく、すぐ先端が持ち上がって地上に出る。そこに多くの芽が寄り集まるように固まっているから、いわゆる株立ちになる。大きい株になると、百数十本がびっしりと固まって叢生《そうせい》している。

東南アジアでは、竹材は中国や日本よりも手軽に利用されている。建築資材、運搬用具、日常の生活道具など、あらゆる用途に用いられている。タケの多い盆地や山裾に入ると、屋根も壁も床も竹づくしである。しかし、日本の竹細工のように丹念に手間隙《てまひま》かけて作るわけではない。バッサリ伐ってきて、そのまま二つ割り、四つ割りにして、手っとり早く大ざっぱに仕上げてしまう。床のすげ替え作業を見たことがあるが、古い竹をはがして新しい竹に替えるのに二〇分そこそこだった。

熱帯アジアの博物学的探検記として有名なのはA・R・ウォレスの『マレー諸島』（一八六九年初版）だが、竹に関する記述があちこちに出てくる。その第五章「ボルネオ・奥地の旅」で竹の特性をいくつか挙げているが、特に竹の床は快適で、ゴザ一枚敷けばバネのある素晴らしい寝床になったと述べている。竹の強度・軽さ・平滑さ・真っ直ぐなこと・弾性があること、しかも他の材料を使うよりも「作業時間が四分の一で済む」と竹を絶賛している。

どういうわけか、タケが多いわりには、東南アジアでは竹林があまり目立たない。特に南太平洋の島々では、なんと言っても丈の高いヤシ林が目立つ。ヤシはタケと同じく割裂《かつれつ》しやすく耐腐性があるので、建築資材や細工物にも適している。その大きな葉を屋根や壁にするニッパヤシは有名だ。サトウヤシ・アブラヤシ・サゴヤシ・ナツメヤシなど、食用植物として多方面に利用される。したがって、ヤシを二、三〇本も所有しておれば、島々ではまず生活に困ることはない。ヤシ一本はタケ数百本分に相当する。タケが有利なのは、ヤシと違ってどこにでも育つこと、それに容易に手に入ることだろう。ヤシ林を所有していない貧しい庶民にとっては、タケは実に有難い植物なのだ。

ネパールのポカラで見かけた小さな社

アジアの竹と民俗

タケが比較的多いインドでも、竹林の存在感はあまりなかった。ギラギラ照りつける太陽の光と燃え盛るまわりの緑に圧倒されて、竹林の影は薄い。ところが、日本の気候風土とかなり似ているネパールのカトマンズ盆地やポカラ盆地になると、再び竹林が大変目立ってくる。ネパールの気候風土は温帯系であるが、ここに生えているタケは熱帯系だ。

カトマンズ盆地では、村のあちこちに

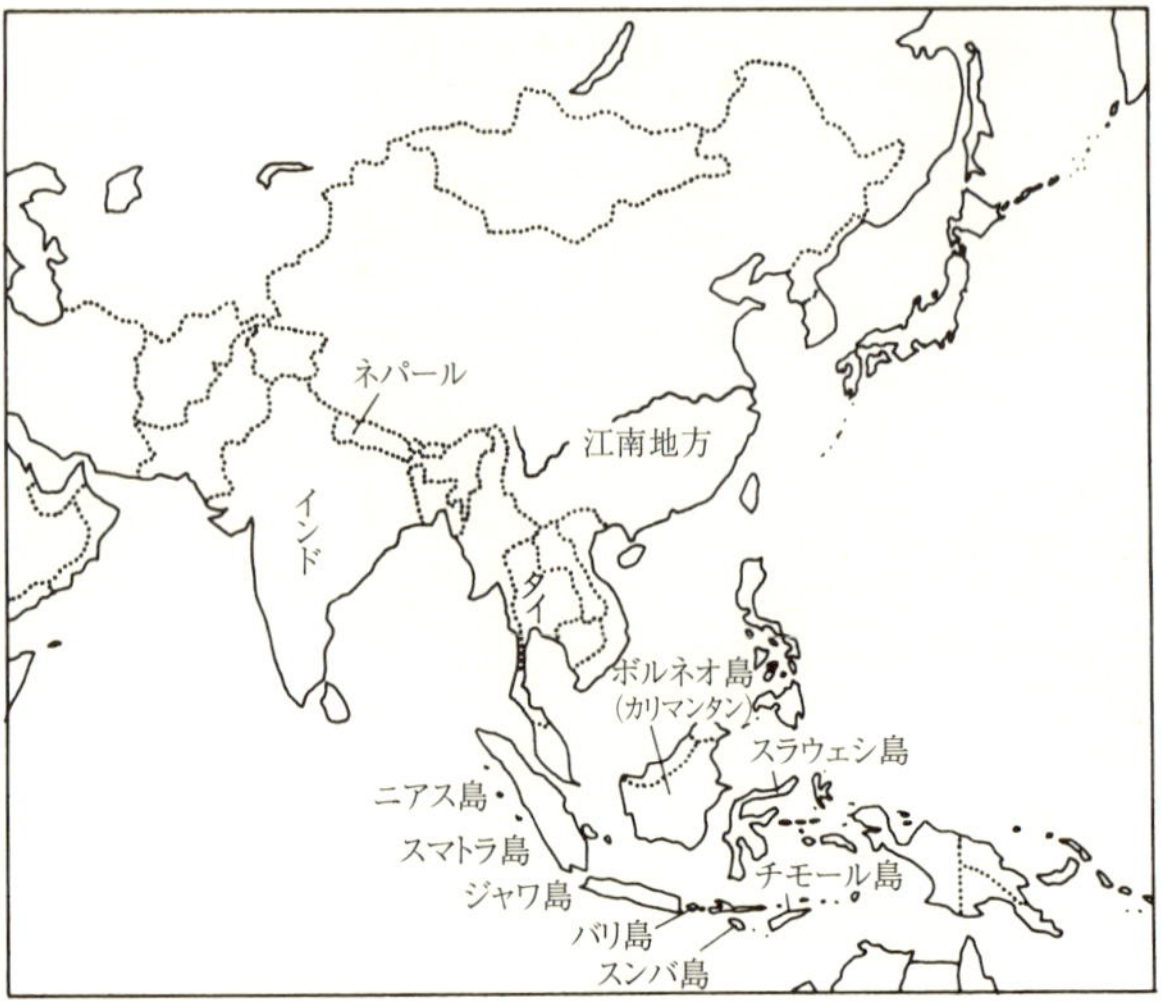

点在している株立ちのかなり大きいタケが、背後に見える白銀の山々とよく調和して、ヒマラヤ山麓特有の美しい農村風景に彩りを添える。家屋はおもに日干し煉瓦で、竹材はあまり用いられていないが、農具や漁具は竹製が多い。

　小さな社《やしろ》でも、それが聖域であることを示すのに竹が用いられ、注連縄《しめなわ》が張られている。竹製の道具や玩具がいたる所で売られている。特にカトマンズ盆地の先住民族ネワール族は竹細工も得意であって、路上でやっているのをあちこちで見かけた。彼らは顔立ちも体型も日本人とよく似ている。民俗の一番奥深い所では、日本列島の先住民とどこかで通底しているのではないかと私はかねがね思っている。

　私が訪れたところで、人間の生活と《竹》が最も深く結びついていたのは、インドネシアのスラウェシ島の山深いトラジャ地方である。ここは赤道の真下に近いが、一〇〇〇メートル以上の高地である。だから気候風土は、ネパールの盆地と同じように日本の気候風土とよく似ている。傾斜地を利用した山間の棚田《たなだ》などを見ていると、日本の山深い盆地とそっくりだ。

　このトラジャ地方のタケは大きい。モウソウチクの二倍もある太いタケが、天を衝《つ》くように聳《そび》え、しかも一つの株に数十本が固まって株立ちしている。その巨大な姿を初めて見た時、これでもタケなのかと呆然として空を見上げた。近くの丘にでも登らないとタケの全景がカメラに入らない。万葉の昔から、「なよ竹」「細竹」「小竹」と歌に詠まれて親しまれてきた日本のタケのイメージとは、およそかけ離れている。

トラジャ地方のタケを重ねて作った屋根

　トラジャの人びとは、《竹》の霊力を信じている。〈竹の呪力〉にまつわる神話や民話が、今なお語り継がれている。家屋も民具類も竹づくしである。だからタケは、集落のそばで大事に育てられている。熱帯系のタケなので日本では育たないが、もし移植できればそれだけで一つの見物《みもの》になるだろう。
　その立派なタケを幾重にも重ねて丹念に作り上げた屋根は、まさに芸術品である。その屋根は船の形をして、両端が天を向いて突き出している。トラジャ族は、もともとは古マレー系の海洋民であった。あとからスラウェシ島にやってきた新マレー系に追われて、川沿いにこの山深い奥地まで逃げ込んだ。そして長い間、他民族との交流を絶ってきた。舟形の家は自分たちの始祖を忘れぬためであり、竹の霊力についての信仰は古来からのアニミズムにもとづいている。

三　日本文化の原郷を歩く

金剛山から吉野山地へ

大和《やまと》と河内《かわち》の国境にある金剛山の麓に住むようになってから、まわりの鄙《ひな》びた村里をよく歩くようになった。このあたりは、どの方向へ歩いても、いたる所に遺跡・旧蹟がある。まさしく日本の歴史と文化の原郷である。歴史探索を兼ねて散策するには、またとない土地柄である。

いま私が原稿を書いている二階の窓から、古くから歌に詠まれた二上山《にじょうざん》が真正面に見える。雄岳と雌岳の二峰があるので双子《ふたご》山とも呼ばれた。駱駝《らくだ》の背に似たこの山はまた、旧石器時代から石器の原材に用いられたサヌカイトの産地として知られている。

山腹の南側を通る竹内《たけのうち》街道も、晴れた日にはよく見える。大和と河内を結ぶ古代の国道1号線である。当麻《たいま》寺《でら》のそばの竹内の集落から、二上山の鞍部《あんぶ》にある竹内峠を越える。それでこの名がつけられたのだが、名の通り竹林の多い街道である。河内側の山裾にある磯《し》長谷《ながだに》には、終末期古墳と大王陵が散在している。

その竹内峠から南へ、葛城山《かつらぎさん》・金剛山と一〇〇〇メートル級の山脈が連なる。南へ下ると、紀ノ川が流れる五条・橋本の狭い盆地。さらに南へ、高野山系から熊野山系へと連なっていく。葛城と金剛の間の険しい間道《かんどう》であった水越峠《みずこし》も、ここから一〇キロほどだ。その峠の登り口に、『太平記』に出てくる楠木正成ゆかりの赤坂城がある。そのあたりまでは、歩いても三時間の距離なのでよく訪れる。

赤坂から千早川の渓谷に沿って金剛山の中腹まで登っていく。急峻な峰が前方に見えてくる。標高六七〇メートル、有名な千早城だ。このあたりの山の民を結集した楠木勢の知謀を尽くした籠城戦は、誰知らぬ者とてない天下の堅城であった。南北朝時代を偲びながら山深い城址を通り、その昔修験者《しゅげんじゃ》がいたという行者杉峠を越えると、車なら一時間足らずで大和の五条に出る。その峠から、はるか下を流れる吉野川が展望できる。

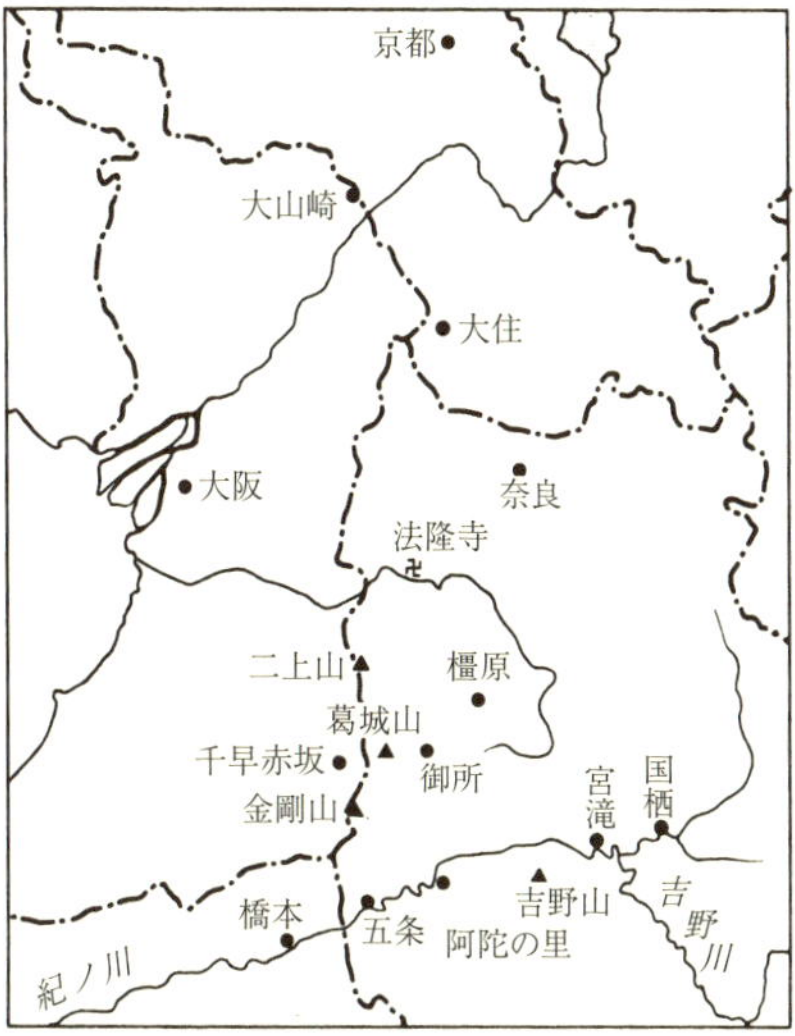

阿多隼人と阿陀の里

奈良県の五条市は、奈良から十津川を経て熊野へ向かう大台山越えの街道の入口にある。古くから交通の要衝として栄えた町である。町の家並に沿って吉野川が流れている。このすぐ下流から和歌山県へ入るので、紀ノ川と名前も変わる。その流域一帯は、戦国時代末期の一向一揆《いっこういっき》の際に、最後まで織田・豊臣政権に抵抗した雑賀《さいか》水軍の根拠地であった。

五条から吉野山地に向かって遡っていくと、だんだん川幅が狭くなり、両側が切り立った渓谷になってくる。五キロほどで阿田《あだ》に入る。古記録では阿陀とある。吉野川沿いの侘しい農村だが、この近辺では特に見事な竹林が見られる。日本の在来種であるマダケとハチクが多い。

この「阿陀《あだ》の里」は、今から千余年前に、鹿児島県の薩摩半島から「阿多隼人《あたはやと》」が移り住んだ在所である。隼人は、先史時代から、日向・大隅・薩摩の一帯に住んでいた先住民族であった。あとで詳しくみるように、南太平洋から北上してきた海洋民であった。

ヤマト王朝の権力が九州南部まで及んだ時、彼らはその故郷の地と伝来の文化を守るために果敢に闘った。だが、朝廷が繰り出す強力な軍勢によってしだいに制圧され、朝貢《ちょうこう》を強いられた。戦いに敗れて、ヤマト王朝に降伏した隼人の一部が、畿内に移されてきたのである。

もちろん、「阿陀」は「阿多」に通じる。遠く見知らぬ地に移されてきても、やはり古里を忘れることはできなかったのであろう。薩摩半島の阿多は、天孫降臨《てんそんこうりん》神話によれば、天降《あまくだ》った皇孫ニニギノミコトが先住民の美しい娘コノハナノサクヤヒメと出会った地である。この五条の阿陀にも、ニニギとサクヤヒメが出会ったという旧跡がある。隼人ゆかりの地名や伝承が、そのままそっくりこの五条の阿陀に移されて、今なおこの地に残っている。

阿多隼人が住んでいた薩摩半島は、日本のタケの原産地で、現在でも竹林の多いことでは日本一である。この吉野川沿いにタケが多いのは、もともとこの地に自生していたのであろうか。あるいは、遠路はるばる畿内に移される時に、隼人がタケの根を持ってきて移植したのであろうか。あとでみるように、竹器製作は、朝廷が畿内に移住した隼人に課した役務の一つであった。タケを栽培し、宮中で用いるいろんな竹製品を作ることを命じられたのだ。

薩摩半島の阿多はまた、《海幸彦《うみさちひこ》・山幸彦《やまさちひこ》説話》の土地である。そこには竹の呪力にまつわる伝承が残り、竹屋神社がある。この五条の阿陀の竹屋垣内《たかやかいと》にも、同じ伝説が伝わっていて、古い式内社・阿陀比売《あだひめ》神社がある。訪れる人もない神社のまわりは一面の竹林で、そこがニニギとサクヤヒメが出会った故地《こち》とされている。『古事記』『日本書紀』の《神武天皇伝説》では、阿陀の人びとは吉野川で鵜飼をやっていたとあるが、その漁法も薩摩半島から持ってきたのだろう。

竹屋垣内のすぐ近くに、縄文時代以来の複合遺跡として有名な宮滝《みやたき》がある。吉野川の清流に沿ったこの景勝の地は、飛鳥の都からも近い。直線距離にすれば、わずか八キロだ。古代の吉野離宮はこの宮滝にあった。岩の多い深い渓谷のまわりは、やはり緑濃い竹林である。

阿陀比売神社

神武天皇伝説と国栖の里

南九州に住んでいたこの列島の先住民・隼人の名が出たので、ついでにこの吉野山地の国栖《くず》（国巣）についても一言しておかねばなるまい。宮滝から三キロほどで国栖にさしかかる。今では和紙の生産で知られている静かな村里であるが、やはり『記』『紀』の神武天皇伝説に出てくる先住民・国栖の故里である。

この伝説では、尻尾のはえていた「石押分の子《いわおしわく》」（磐排別の子）が国栖の祖とされている。押し分けて出てきたという大きな磐石《いわ》が川沿いの森の中にある。高さ三〇メートルほどの大きい岩で、真中に割れ目がある。その割れ目の下に、以前は「土蜘蛛《つちぐも》が住んでいた穴」と表示されていたが、いつのまにかその掲示板がなくなっている。『記』『紀』では、土蜘蛛は、この列島に住んでいた先住民の賤称《せんしょう》として用いられた。土中から現れた蜘蛛というイメージで、先住民の様相を表現していたのだ。石押分の子は、この地に住む土蜘蛛の頭領《とうりょう》であった。

飛鳥の浄御原《きよみはら》に皇居を定めた天武朝から、天皇の代替りには践祚大嘗祭《せんそだいじょうさい》が行われるようになったが、その際に先住民の歌舞が奏せられた。新帝の前で、服属の誓いとして演じたのである。古記録によれば、その歌舞は〈隼人舞《はやとまい》〉と〈国栖奏《くずそう》〉であった。今でも吉野川の切り立った断崖の上にある浄見原神社で、毎年旧正月に、千数百年以前から伝わった国栖奏が上演される。私も以前に参観したが、舞台の脇には、かつて天皇に捧げたという御贄《みにえ》が並べられていた。鮎や赤蛙など吉野川の特産品である。

五条から奈良へ向かって北上すると、約一〇キロで風の森峠《かぜもり》にさしかかる。ここから葛城古道に入る。このあたり一帯は、五世紀頃の大和の豪族葛城氏の本拠地であった。金剛・葛城の山裾を上がったり下がったりしながら、木々の間を縫って小道が続く。白壁の旧家が見え隠れする細い田舎道だ。近世のままではないかと錯覚《さっかく》するような古い村里である。大和にはあちこちに古代以来の街道が残っているが、昔の風情《ふぜい》がまだ見られるのはやはりこの葛城古道である。

高天《たかま》彦《ひこ》神社、葛木一言主《かつらぎひとことぬし》神社のような古い社が街道沿いにいくつもある。記紀神話に出てくる土蜘蛛の反乱、雄略天皇に抗したという山民たちの守護神「一言主神」の伝説、修験道の開祖者であり呪術を駆使し朝廷に謀反した「役小角《えんのおづぬ》」の故地――ヤマト王朝の権威に従わなかったこれらの先住民系の伝承が残っているのも、この古道の周辺である。

浄見原神社

『日本書紀』では、葛城の地名伝承を次のように述べている。この地の土蜘蛛は、身長が低く手足が長くて侏儒《しゅじゅ》（こびと）に似ていた。天皇の軍隊は葛《かずら》のつるで網を作り、それを覆いかぶせて反抗する土蜘蛛を捕らえて殺した。それでこのあたりを葛城と呼ぶようになった。

この葛城古道から奈良へ出る街道筋にも、

古代からの由緒ある社寺が数多く散在している。その境内に美しい竹林が見られる社寺もある。大ぶりのモウソウチクの竹林が多いが、ホテイチク（布袋竹）、ナリヒラダケ（業平竹）のような小ぶりで美しいタケも見られる。どのタケも一本一本丹念に育てられ、深緑の稈に節目がくっきりと浮かび上がっている。そういう竹園は、もはや自然景観の域をこえて、庭園デザインとして芸術の領域に近づいている。

奈良から北上して京都へ入る街道筋にも、やはり竹林が多い。井手町・田辺町のあたりは竹材や筍の産地として知られている。田辺町の大住は、かつての「山城国大住郷」である。この地は、鹿児島県の大隅半島に住んでいた「大隅隼人」が移貫させられた土地である。大隅隼人も阿多隼人と同じく、畿内隼人として竹器生産の役務を課せられていたのだろう。今でも竹が多いのは、このあたりに大隅隼人が住んでいたからだろうか。この大隅郷には、古くから隼人舞が伝わっていた。彼らも大嘗祭や諸節会《せちえ》の際には、それを演じていたのであろう。

日本一を誇る山城の大竹林

京都の西郊を南北に走る西山山地には、日本有数の竹林が広がっている。見渡すかぎりモウソウチクの大竹林で、「山城の白子《しろこ》」として全国に知られている筍の名産地である。土起こしから施肥《せひ》まで一年がかりで育てられた白い筍は、まさに天下の絶品である。モウソウチクは、この列島のタケ類では一番大きく、今では日本の代表的なタケになっているが、近世に入って中国から移植されたタケである。だから西山の大竹林もそう古いものではない。

一〇世紀初めの『延喜《えんぎ》式《しき》』には、毎年山城国と大和国から箆《の》竹《だけ》を進上させたとある。箆竹は、矢柄《やがら》（矢の幹）に用いる竹、つまりヤダケである。軍隊用の武器として進上させたのであろうか。このあたりは、気候も土壌も、もともとタケの生育に適していたのである。近世も後期になってから、古い竹林にとって替わって、モウソウチクがしだいに増えていったのだろう。

山城の大竹林

　初夏の頃、西山の大竹林を抜ける小道を通ると、筍から生長したばかりの若タケが皮をびっしりつけたまま、懸命に親タケに追いつこうとしている。モウソウチクは、伸び盛りの頃には一日に一〇〇センチほどの物凄いスピードで大きくなる。一足先に一人前になった若タケは、節目にまだ皮をぶら下げたまま若葉を広げているが、木漏《こも》れ日のさしこむ竹林は、まわりの空気まで緑色に染まり、あたり一帯にすがすがしい清涼の気が漂っている。

　ところで、落葉樹林帯では、紅葉期が過ぎて木枯《こがら》しが吹き始めると、葉が風に散って冬枯れの森のまわりは灰褐色になる。その中で濃い緑の竹林だけが、凜然《りんぜん》として屹立《きつりつ》している様もまたよい。一面銀世界となった奥山で、降る雪の重さに耐えながら、あちこちから健気《けなげ》に葉をのぞかせているクマザサも美しい。

タケ類が少ない北国の人びとにとって、馴染み深いのはネマガリダケである。おもに本州中部以北の山地、特に落葉広葉樹林帯に目を見張るような藪をつくって自生している。根元が曲がっているのでこの名があるのだが、ササの仲間でありながら高さが三メートルにもなる。その藪を通り抜けるのは容易ではない。六月頃に出てくる若い筍は、山菜として珍重されてきた。スズコと呼ばれているが、モウソウチクよりもこちらが日本一だという声もある。

タケ類があまりない北関東以北では、ネマガリダケの生育地は、田畑と同じように大事に管理され、村人たちに割り当てられていた。しかし、それも第二次大戦前の話であって、今ではスズコ採り以外は人跡《じんせき》は絶えている。東北地方からネマガリダケの化石が出土しているから、よほど早くから自生していたのだ。竹細工の素材もこのネマガリダケであった。古代の蝦夷《えみし》が矢として用いたのも、このネマガリダケであろう。

瀬戸内水軍の竹束船

瀬戸内海は、私の先祖の故郷である。そういう縁もあってよく訪れるが、どの島々でも竹林が目立つ。『播磨《はりま》国風土記』の揖保郡《いいぼのこおり》の条に、瀬戸内海の家島《いえしま》群島についてその由緒が述べられ、「人民、家を作りて居り」、それゆえに家嶋と名づけたとある。注に「竹・黒葛等生《つづらどもお》ふ」とあるから、八世紀の頃には島々にもタケが育っていたことが分かる。

戦国時代の瀬戸内の海賊衆は、能島《のしま》・来島《くるしま》・因島《いんのしま》の三島を根拠地にした村上水軍で有名だ。水軍の歴史を調べているのでこのあたりの島々をよく訪れるが、いたる所に竹藪がある。特に目立つのはヤダケである。織田・豊臣政権と激しく闘った水軍勢力が、戦闘用の矢を大量に作るために計画的に植えた名残であろう。

丸竹をたばねて戦陣で楯として用い、これを「竹束牛《たけたばうし》」と呼んだ。村上水軍の小型の快速軍船を早船というが、青竹をすだれ状に立てて防禦壁にしていたので「竹束船《たけたばぶね》」と呼んだ。

能島村上水軍の拠点だった水軍城址。今では竹藪におおわれている

これらの竹藪は、かつての水軍城のまわりに多い。しかし、今では邪魔《じゃま》もの扱いされて、用もなげに海に向かって淋しそうに群生している。熊島村上水軍資料館に、水軍が用いた弓が展示されている。その中には竹製もいくつかあったが、これはマダケだろう。島々の古老の話では、モウソウチクは珍しいので「西洋竹」と呼び、マダケ、ハチク、メダケ（女竹）、ヤダケ（矢竹）などは「日本竹」と呼ん

だそうである。

小さな港町では、海岸沿いのわずかな家並を取り囲む裏山に、たいてい高い屋根の寺が見える。裏山の傾斜地は、竹林になっている。崖崩れを防ぐために植えられたのであろう。小さな連絡船に乗ってしだいに島影が近づいてくると、ひときわ高い寺の屋根と勢いよく生い茂った竹林がまず視野に入ってくる。青い海、港のまわりの侘しい家並、その背後に広がる竹林――この三つの取り合わせが瀬戸内海の港町に特有の風情をかもしだしている。

四　竹にまつわる思い出

ある日の竹林

私は幼少の頃、大阪府の北端、摂津の西国《さいごく》街道筋の小さな村に住んでいた。西国街道は箕面《みのお》の低い山並の裾野を通って、京都から山陽道に通じる古い街道だ。大竹林のある山城の地続きなので、箕面川のあたりも竹林が多かった。

まだ学校へ上がっていない腕白時代、近くの悪童連中と毎日のように箕面川の渓流で遊んだ。きれいな清流に沿って、見事な竹林が続いていた。川のせせらぎ、谷を飛び渡る鳥の鳴き声、吹き抜ける風にザワザワそよぐ竹林――そのほかは何の物音もしない静寂の世界であった。

薄墨《うすずみ》の絵のようにしか残っていないその頃の記憶の中でも、今でもよく憶えているのは、ある日の竹林の出来事である。いつもは全く人の気配のない谷の奥から、突然低い叫び声がした。悪童たちは、何事かと色めきたってみなそちらへ走った。竹林から飛び出してきたみすぼらしい着流しの浪人風情が、必死になって谷間を逃げていく。刀をふりかざした追手らしい侍が数人、水しぶきを上げて追っていく。腕白連中は固唾《かたず》をのんで見守った。

ただそれだけであったが、今でもそのシーンが瞼《まぶた》に焼きついている。帰ってから、「昔の侍が竹林から出てきたで」と驚き顔で母親に話すと、「それはなあ、活動写真やで」と笑う。説明を聞いても、カツドウの意味がよくのみ込めなかったから、どうにも解《げ》せぬ一コマであった。あとから考えると、近くの宝塚に映画製作所があったから、そこからロケに来ていたのだろう。今でも渓谷の竹林を見ると、あの光景をフッと思い出す。

竹製の玩具

摂津の小さな家の裏は梅林で、そのすぐ近くにごく小さな竹林があった。あまり手入れされていなかったから、竹藪といった方が正確だろう。梅の実が大きくなり始める頃に、そこから筍が出てくる。毎日のように食膳に上がった。モウソウチクのように太くて白い筍ではなかった。すこし苦味があったが、細くて歯切れのよい筍だった。一週間も続くと食べ飽きてしまったが、あとから考えるとそれはハチクの筍であった。筍は今でも私の大好物である。

その頃の子供は、あまり玩具を持っていなかった。ゼンマイ仕掛けのブリキの自動車などは、まるで宝物であった。日頃の遊び道具は、ほとんど手作りだった。用済みの古竹はいくらでもあったから、よく「竹馬」を作ってかけっこをやった。「竹トンボ」も毎日のように作った。竹の骨に紙を張りつけて「凧《たこ》」を作り、風のある日はよく揚げた。「竹笛」も見様見真似《みようみまね》で作った。小川での「笹舟」競争もよくやった。葉を唇に当てて吹く「笹笛」もよく鳴らした。薄い竹片を、数本丁寧に磨く。それをお手玉のように放り上げて、落ちてきたところを青い表なら表ばかりを手の甲の上に揃える。「竹返し」「竹並べ」と呼ばれた遊びで、近世初期から広く行われていたようである。

第二次大戦中は、楽しい遠足も取り止めになり、そのかわり勤労奉仕が多かった。日の丸弁当を持って行くのだが、梅干し入りのにぎりめしを竹皮に包んだだけの質素な弁当だった。「竹皮」と言えば、こんなおやつもあった。竹の皮をきれいに洗って、中に梅干しと紫蘇《しそ》を入れて三角に折って包み、その先からチュウチュウと汁を吸うのだ。今日の子供たちには想像もできないような貧しい時代のおやつだった。

タケ・ササを用いた民俗行事

正月の一〇日は今宮戎《いまみやえびす》神社の大祭で、よく連れて行ってもらった。商都大阪では数十万の人出で賑わう。エビスは大黒天とともに〈七福神〉の中心で、福徳を授けてくれる有難い神様である。七福神信仰は室町時代に入って都市商業の発展とともに広がったが、中国やインドの神々などの雑多な習合《しゅうごう》であって、「竹林の七賢人」になぞらえて七神になったという説もある。

〝商売繁盛でササ持ってこい〟というかけ声で、飾り物をつけた福笹が飛ぶように売れた。この「笹」も福運を呼び込む呪力があるとされた。江戸では、一一月の酉の日に行われる下谷の鷲《おおとり》神社のお酉様《とりさま》の土産に、熊手《くまで》と箕《み》を買ってくる習慣があった。

薩摩半島・山川町での「どんど焼き」。地元では「オネッタッ」と呼ぶ

低学年の子供たちにとっては、七月七日の「七夕」は賑やかな祭りであった。朝のうちに青葉つきの形の良いタケを求めて竹藪に入る。学校で作ってきた五色の短冊に、下手な字で願い事を書いて枝葉に飾りつける。一年に一回、織女星《しょくじょせい》と牽牛星《けんぎゅうせい》が天の川で出会うというのだが、子供心には分かったようでよく分からぬ話だった。それでもその晩は、一生懸命天の川のあたりを見上げた。

正月が終わると、真中に青竹を立て、門松《かどまつ》や注連縄《しめなわ》をそのまわりに集めて「どんど焼き」をやった。なぜこんなことをやるのかよく分からなかったが、その火の粉を浴びると病気にならないと信じられていたので、子供たちは無理矢理に勢いよく燃える火のそばに押し出された。子供たちの本当の狙いは、そのあとの灰で焼くモチやイモにあった。

そういう行事も、第二次大戦が近づくと次々に消えていった。戦後になっても、なかなか復旧されなかった。そのような民俗行事の意義を語り継ぐ古老たちも世を去り、多くの若者たちも戦場から帰ってこなかった。戦争で荒廃した生活を立て直すためには、伝統的民俗の復興に力を入れる余裕などはなかったのである。

竹の神秘的な霊力

これまで、竹と自然景観、そして竹材の実用性についてみてきた。だが、竹にまつわる重要な問題がもう一つ伏在している。先にすこし触れたが、古くから信じられてきた〈竹の呪力〉である。竹の霊力にまつわる信仰は、日本の民俗史の重要な伏流であった。

縄文遺跡から出土した「櫛」にしても、たんなる装身具ではなかった。その頃は、自然界におけるさまざまの精霊の存在を信じるアニミズムの時代であった。大きな岩や樹木も信仰の対象となった。巨木には精霊が宿っているとされ、それを木霊《こだま》と呼んだ。山や谷で起こる音の反響を谺《こだま》というが、木の霊の仕業と考えられていたのだ。

《竹》には特別の霊力が宿ると信じられていたので、櫛は呪具としても用いられた。竹管楽器にしても、その空洞を利用した音響効果に着目しただけではない。竹の節間には呪的な霊力がこもると信じられていたのだ。

「箕」や「籠」も、そこに強い呪力が宿るとみなされていたのである。このように、竹には特別の霊力が潜むと広く了解されていたからこそ、記紀神話において、呪的シンボルとして竹製品がしばしば出てくるのだ。

貧しい竹取の翁が「もと光る竹」から〈小さ子〉を見つけた『竹取物語』、日本一の屁っぴり爺として各地で語り伝えられてきた『竹伐り爺』——この二つの竹にまつわる話は、数多い日本の伝説や昔話の中でも、特に人びとに親しまれてきた。若竹の香りを奥に秘めて輝くばかりに美しいかぐや姫は、その才智《さいち》溢《あふ》れるおきゃんぶりとあわせて、一千年もの間万人に愛されてきた。竹から産まれたかぐや姫は、世の男性の心を奪った〈変化《へんげ》の人〉であった。

このように竹にまつわる話を、㈠竹と自然景観、㈡竹の特異な実用性、㈢竹の神秘的な霊力——この三つの領域にわたってひとわたりざっと考察してきた。そしてこの三つの要素がしだいに統合されて、この列島の独特の風土の中で、世界の各地にもあまり例を見ないこの列島の〈竹の民俗〉〈竹の文化〉が産み出されたのであった。

第二章

竹の民俗・その起源と歴史

能『百万』(橋岡慈観氏、撮影・吉越立雄氏)

一 日本列島のタケ・ササ類

タケはイネ科

タケ・ササは花が咲き実がなる種子植物である。しかし、種子で繁殖するのではなく、地下茎が繁殖器官である。顕花《けんか》植物の仲間であるが、一世紀に一回も花が咲かないという点でも異能《いのう》の植物である。竹博士の室井綽《むろいひろし》によれば、全面開花の際には、「一本の稈には何万という花が咲くが、マダケ、ハチクの花には果実がほとんどならず確率的には数千分の一という低さ」である。その実にしても、落葉が堆積している竹藪ではまず発芽しない。（室井綽『ものと人間の文化史10 竹』）

したがって、タネがばら撒かれて殖えていくのではない。熱帯系のタケは挿し木で殖える場合もあるが、温帯系のタケは地下茎を移植しない限り、遠い地方まで一挙に広がることはない。竹藪全体が開花して枯死するのは六〇年目である――そういう説が古来からあった。これは中国から出た説で、陰陽道《おんみょうどう》でいう干支《えと》が、六〇年で人生をひと回りすることにあわせている。つまり、竹の還暦である。ただし、これは俗説である。六〇年は、ひと回りを象徴的に表現した数字にすぎないのであって、実際は一二〇年前後とみられている。つまり、竹の一生は人間の還暦のざっと二倍である。

植物学上では、タケはイネ科に属する。イネ科の六つある亜科の中で、タケ・ササ類はタケ亜科として分類されている。イネ科と知ってびっくりする人も多いだろう。コメが採れる一年草のあのイネと、一体どこが似ているのか。

イネ科は被子植物で単子葉植物に属する。被子植物はこの地球では最も進化した植物群で、今日では約二二万種を数える。花粉が風によって散布される風媒花や、昆虫や鳥によって運ばれる虫媒花がよく知られているが、そういう助っ人に運ばれて短期間に地球上のいたる所に進出した。

イネ科はどのような生態条件でも生育しうるので、今日では全世界に分布し九五〇〇種はあると推定されている。穀物・牧草・雑草の多くはイネ科に属し、ヒトの生活と深い関わりを持つ重要な植物群である。イネ科の多くは風媒花の方向に進化したが、タケ・ササ類は違った。また、イネ科のほとんどは草であるが、竹材をみると木に近い。このようにタケは、「草でもなければ木でもない」特異な植物であった。

氷河時代とタケ・ササ

ところで、この被子植物が地球上に広く繁茂するようになったのは、約七〇〇〇万年前の白亜期後期という気の遠くなるような太古の時代である。

この日本列島でも、その頃の地層から被子植物の化石が発見されている。この列島の石炭の多くは、四、五〇〇〇万年前の古第三紀の植物遺体の炭化物である。北海道の炭田層から、クスノキ・ケヤキ・コナラなど私たちに馴染み深い植物の化石が出ている。気温の高いところに育つヤシ類も発見されている。

したがって、ヤシと同じ単子葉植物で温暖な気候風土に育つタケ・ササ類も、その頃繁茂していた可能性がある。実際、タケ・ササとみられる化石が、この列島の新第三紀の土層から見つかっている。およそ二五〇〇万年前の頃から新第三紀に入るのだが、この列島にヒトが住み着くはるか以前から、タケ・ササ類が繁茂していたことはまず間違いない。

寒い氷期がやってくると、北半球に広がっていた温帯性の広葉樹林はしだいに消滅し、その一部は南部へ移住していった。寒さに強いササのごく一部を残して、タケ・ササ類も氷河時代にはこの列島から姿を消した。

氷期と温暖な間氷期が交互にやってくるたびに、この列島は大陸と陸橋でつながったり、海峡によって隔てられたりした。陸続きの時に、大陸から動物たちがこの列島に渡ってきた。それを追ってヒトがやってきた。

今から二万年前は、最終氷期の最も寒冷な時期だった。当時の平均気温は現在より六～九度も低かった。東北地方はまだ亜寒帯性の気候で、ようやく九州最南端だけが温暖帯であった。

縄文時代の草創期に入っても、まだ氷河時代の余波が残っていて寒冷だった。しかし、約九〇〇〇年前の早期に入ると、かなり気温が上昇してきた。広葉樹林帯もしだいに本州を北上していった。温暖地に育つ広葉樹林が関東地方まで進出したのは縄文前期、すなわち今から約七〇〇〇年前の〈縄文《じょうもん》海進《かいしん》〉の頃であった。広葉樹林帯がこの列島に広がるとともに、暖かい南九州を起点としてタケ類が再び自生し始めたのであった。

照葉樹林帯と竹の文化

さて、温暖化が進むにつれて常緑広葉樹林帯の植物群も再び北上してきた。この常緑広葉樹は、カシ・ツバキ・クスノキのように葉が革質《かくしつ》で光沢があるので照葉樹と呼ばれている。この樹林帯は、中国大陸の江南・華南地方から雲南山地を経て、南はヒマラヤ山脈の南麓まで及んでいる。この一帯が、アジアにおけるタケの原産地ではないかと推定されている。

この照葉樹林帯にみられる独特の生態系を前提にして、焼畑農耕による雑穀栽培を中心とした〈照葉樹林文化〉論を主唱したのは、中尾佐助、佐々木高明らの植物学と民俗学の研究者であった。その後も、自然生態学・文化人類学などの研究者との共同研究を経て、今では日本の縄文文化、ひいては日本の基層文化を解明する有力な学説の一つとなっている。

この照葉樹林地帯を私も何回か訪れたが、そのあたりはいたる所に竹林・竹藪が見られる。どこの家庭でも籠・箕《み》・笊《ざる》が必需品である。筌《うけ》や篊《ひび》などの漁具も多い。日常の道具や家具にもタケがふんだんに用いられている。建築資材はもちろんのこと、橋・桟橋・筏などもタケで作られている。

祭祀《さいし》儀礼《ぎれい》などの民俗行事においても、神々の依代《よりしろ》として《竹》がよく用いられている。今なおアニミズムを信仰しているタイの山岳民族では、祭礼の際に精霊《せいれい》を迎えるために櫓《やぐら》を立てるが、すべて竹製である。爆竹《ばくちく》が鳴らされ、並べたタケの間を跳びはねるバンブー・ダンスが演じられる。やはり〈竹の民俗〉に生きる雲南省の山岳民族は、焼畑の種蒔《たねま》きもまず男たちが長いタケの棒で浅い穴をあけていき、そのあとで女たちが籾《もみ》や種を蒔《ま》いていく。

鬱蒼《うっそう》とした照葉樹林は、湿気が多く、日の光がほとんどさしこまないので、タケは育たない。適当に水分が補給され、直射日光を適度に受ける半日陰《ひかげ》が最適である。したがって、竹林が見られるのは森林帯の周辺であって、目立って多いのは人里近い山麓と川岸である。

森林を切り拓いてヒトが住み始めると、まわりの植生に大きな影響を与える。まわりの森林がまず伐採される。建築資材や薪用《たきぎ》に、さらにその周辺の森が伐られ、しだいに明るく乾燥した裸地《はだかち》が広がる。そうすると、すぐさま日当りのよい場所を好む陽性植物が繁茂し始める。これが二次植生である。タケも陽性植物であって、現在私たちが目にする竹林は、ほとんどすべてがこの二次植生である。人力の入らない自然林に原生しているタケはまずない。この日本でも、ササ類が林床《りんしょう》となっている森はよく見かけるが、そこにはタケは育たない。

「竹の御三家」と熱帯系のホウライチク

日本の「竹の御三家」は、マダケ、モウソウチク、ハチクの三種である。いずれも温帯系で十数メートルに生長する大型の竹である。第二次大戦までは、前二者で全体の八〇パーセントをこえていた。

農林統計によれば、一九七九年まではマダケが第一位であった。ところが、八〇年代に入ると、モウソウチクが第一位となった。一九八八年ではモウソウチクが四四パーセント、マダケが三八パーセントで一位、二位を占めている。モウソウチクは、近世に入ってから中国大陸から移植された。竹材として、観賞用として重用され、筍も美味なので愛用されてきた。そしてついに、大陸から移植後三〇〇年が経過して、この列島の自生種と推定されているマダケとハチクを追い抜いて第一位になった。

この列島でも熱帯系のタケが何種類か見られる。この熱帯系のタケは連軸型で、固まって株立ちになる。日本にある熱帯系のタケは、高さは一〇メートル前後でいずれも中型だ。

だが、熱帯系のタケはこの列島では少ない。ほとんどホウライチク（蓬莱竹）の仲間で、鹿児島県と沖縄県が主産地である。蓬莱は東海上にある霊山で、不老不死の地と中国の神仙思想で説かれてきた。『竹取物語』では、かぐや姫に求婚した車持皇子《くらもちのみこ》が、蓬莱山の玉の枝を取ってくるように難問を課せられる話が出てくる。蓬莱はまた台湾の異名であった。

この仲間は、ホウオウチク（鳳凰竹）、ホウショウチク（鳳翔竹）、タイサンチク（台山竹、泰山竹）など、いずれも南方系の名がつけられている。タイサンチクはやや大型で、インド・マレー半島が原産地とされている。この中で注目されるのは鳳凰竹である。鳳凰は中国の伝説上の霊鳥で、いつも桐の木に止まり、その餌は竹の実であった。天下太平の瑞徴《ずいちょう》とされ、日本でも古代から工芸美術品で形象化されている。薩摩半島のあたりには、かぐや姫の生誕地と称する竹林がいくつかある。いずれもホウライチクの系統である。ベニホウオウチク（紅鳳凰竹）は、淡紅黄色の地に緑色の縦じまのある珍しい稈を持っている。

箕を使うダヤク族の女性。床も竹製

これらの熱帯系のタケは、南太平洋の諸島から黒潮に乗って、ヒトの流れとともに北上してきたのだろうか。あるいはインドシナ半島のあたりから、江南地方を通って辿り着いたのだろうか。南九州の先住民族であった隼人《はやと》は、あとでみるように南方系の海洋民族であったが、隼人の故地にこの熱帯系のタケが多いのだ。

私が見た限りで言えば、南九州の箕や籠の作り方や使い方は、南太平洋の島々との強い親近性が感じられた。隼人のはるかなる源流はボルネオのダヤク族と連なるのではないかと考えたのは人類学者の鳥居龍蔵だったが、この写真はダヤク族の竹造りの家で箕を使う女性である。

日本の〈竹学〉

この列島におけるタケ・ササ類の起源、その渡来や分布の系統については、まだ未解明のところが多い。発見された化石や数少ない古代資料によって、日本の「三大有用竹」に入るマダケ・ハチク、それにヤダケ・ネマガリダケ・クマザサなどのササ類の多くが、太古の時代からの自生種であると推定されている程度である。熱帯系のホウライチクは、いつ頃からこの列島に姿を見せるようになったのだろうか。

タケ・ササ類の植物学的な系統分類も、まだ確立されていない。先にみたように、タケ・ササはイネ科に属する有花植物であるが、その開花の周期もまだはっきりせず、したがって、その特徴形質がつかみにくいということもあって、系統分類も充分にできていないのが実情である。

そういう実情を踏まえて考えると、タケに関する総合的な植物学的研究ともいうべき〈竹学〉が、確固たる学としてまだ確立していないのもやむをえない。戦前から、竹内淑雄、上田弘一郎、室井綽、重松義則など、タケ・ササ類を専門とする植物学者がすぐれた研究を発表され、タケの生育と生長のメカニズム、人間の生活と密着したタケの栽培管理法、タケの材質に則した利用法などについての研究は進んでいる。

前近代では、三世紀に執筆された戴凱之《たいがいし》の『竹譜《ちくふ》』をはじめとして、〈中国の竹学〉が文句なしに世界一であった。近代に入ってからは日本の竹学が急速に進歩した。タケの主産地のアジア各国でも、実際のところ竹の研究はあまり進んでいない。現在では、〈日本の竹学〉が一頭地を抜いている。

二　有史以前の竹製品

縄文人と竹

氷期が去って気温が上昇し始めると、海水面もしだいに上がり、この列島は大陸から切り離されていった。その頃が縄文時代の始まりであった。西南日本では常緑広葉樹林帯が広がり、東北日本では落葉広葉樹林帯がしだいに北上していった。この列島で育まれてきた文化は、森林と共存してきた文化であった。

ヒトの集落ができるたびに、森林は切り拓かれていった。だが、山川草木を愛し、森を大切にする思想は絶えることはなかった。山の神・海の神・森の神・大地の神・川の神——さまざまの自然神を崇《あが》めるアニミズムの伝統が色濃く残った。

ここで、有史以前のヒトとタケとの関わりについて想定してみよう。かりに縄文時代晩期の頃としておこう。もし生活の根拠地の周辺に竹林があれば、彼らは好奇の目でもって、その竹林に目をつけたに違いない。

その頃は、衣食住を中心とする日常生活は、すべてまわりの自然生態系に密着して設計されていた。身近にある植物は、食物・建築材・道具・燃料・工芸品などの素材として、彼らの最も重要な関心事であった。新たな地域へ移住して見たことのない植物に出くわすと、慎重に観察しながらそれがどのように利用できるか、いろんな角度から試してみたに違いない。

タケを初めて見た縄文人は、きっと驚いただろう。縄文人の分類概念からすれば、タケはまず奇妙な植物として目に映った。よく見慣れている樹木とは異なるし、引き抜くとすぐ枯れる草とも違う。伐って手にしてみると、稈《かん》の中には節があって、そこに空洞がある。珍しい植物だと目を見張ったに違いない。

タケは軽くて弾力性がある。しかもたやすく割裂《かつれつ》できるので、細長く割ってヒゴにすれば、いろんな細工に利用でき、編物の素材になる。金属刀がまだない時代では、石刀とともに竹刀も用いられた。節間の空洞は、筒として利用できた。水筒にもなり、穀物を煮ることもできた。水を引くのに、竹の長い筒は便利だった。地上にムクムクと頭を擡《もた》げた筍も、おそらくすぐ食用として試されたであろう。

縄文時代を通じて、東日本は西日本よりも人口密度が高く、文化的にも先進地帯であった。このことは、旧石器ならびに新石器時代の遺跡の分布図と、そこからの出土品を比較研究してみれば一目瞭然である。

米作農耕文化が広まってくる弥生時代に入るまでは、東日本が先進地帯であった。縄文時代の東日本の民俗や文化が、北方大陸から入ってきたものが主流だったのかどうか。その担い手となったヒトたちは、どこからこの列島にやってきたのか。この列島の西南部に見られる江南系や南太平洋系の文化とは、どのように関わりあうのか――そういった問題を含めて、検討されねばならぬ課題はなお数多く残されている。

しかし、古代に蝦夷と呼ばれた人たちの先祖が生活していた東日本こそ、縄文時代における列島文化の中心地域であった。その地方から、縄文晩期を代表するすぐれた土器や木器をはじめ、あとでみるように籃胎漆器《らんたいしっき》などの精巧な工芸品があいついで発見されている。そしてこの列島の最古の物と推定される竹製品も、これらの出土品の中で見つかっているのである。

出土した籃胎漆器

こうなってくると、日本列島の民俗誌を考えるタテ・ヨコの尺度も一挙に大きくなってくる。〈竹の民俗〉についても、このような全アジア的な尺度の中で、ヒトとモノの流れとともに考察していかねばならない。縄文時代の民俗と文化を無視して、弥生時代の稲作文化をコメのクニ日本の〈基層文化〉と考えるような単純な論法では、数万年以上に及ぶこの列島の民俗と文化の全体像を捉えることは到底できないのである。

さて、この列島では、いつ頃から竹材が民具や装飾品として用いられるようになったのか。竹製品は、縄文時代よりさらに遡る旧石器時代の遺跡からは出土していない。その頃はまだ氷期で寒冷な気候だったから、タケはこの列島には広がっていなかった。かりに竹材が用いられたとしても、二、三万年も経過すれば腐蝕してしまっている。

石器や土器は腐蝕しないが、タケのような植物繊維は腐りやすいから、縄文の遺跡からそのままの形で出土することは稀である。腐蝕しにくい鉱物質を含む泥湿地《でいしっち》で水に浸っていた場合のように、よほどの好条件に恵まれないと再び日の目を見ることはない。たまたま植物繊維が発掘されても、それがタケ類であるかどうか見分けることはむつかしい。新しい科学的機器を用いる分析方法の発達によって、ようやく縄文時代の竹製品が浮かび上がってきたのだ。

縄文時代の竹製品は、漆塗《うるしぬ》りの「籠」や「櫛」として発掘された。漆が塗ってあったので、竹材が腐蝕せずに出土したのだ。漆製品が大量に出土したのは、一九二六年に発掘された青森県の是川《これかわ》遺跡であった。約三〇〇〇年前の縄文時代晩期の遺跡である。青森県の亀ケ岡《かめがおか》遺跡は「奇代之焼物」が出土することで近世初期から知られていた。縄文晩期を代表する大遺跡であるが、ここからも籃胎《らんたい》漆器を含むたくさんの植物製遺物が見つかった。一九六五年には、宮城県山王《さんのう》遺跡から、籃胎漆器・櫛・腕輪・耳飾りなどの植物性遺物が泥炭層から出土した。やはり縄文晩期の物である。

　これまでに発掘された最古の漆製品は約六〇〇〇年前の物で、一九七五年の福井県鳥浜《とりはま》貝塚遺跡の出土品であった。その中に、漆塗りの見事な木器・土器・櫛などが見つかった。漆の本源地は、中国大陸の照葉樹林帯であるが、この列島にも早くから漆塗りの技術が導入されていたのだ。その当時から、木器や土器や籠などを胎《たい》とした漆製品が作られていたのである。漆を塗るための素地となる物が胎である。縄文工芸では木胎・陶胎が最も多い。そして、籠を素地とした「籃胎漆器」も生産されていることが分かってきた。籃《らん》とは籠のことである。

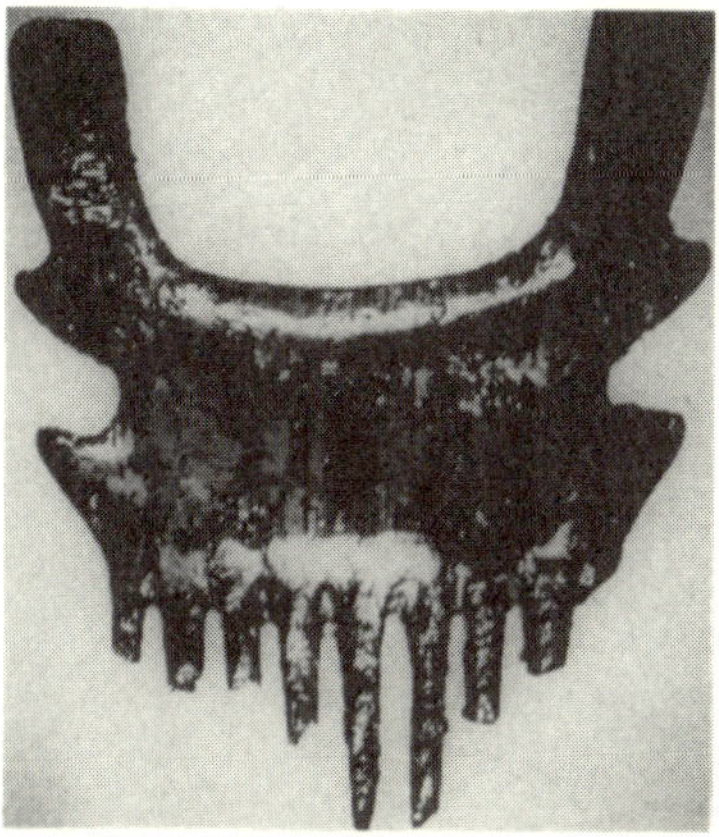
赤漆塗の飾り櫛（福井県鳥浜貝塚遺跡出土）

　土器や木器と比べると、編物の籠は傷みやすい。それで漆を塗り重ねて、長持ちするように工夫したのだ。表面に立体的な紋様《もんよう》を施した立派な物もあり、工芸品としても高い水準にある。編み方は、斜めまたは縦横に組んで手織り風に編み上げる網代《あじろ》編みが多い。縄文人が葦などで編んだ網代を漁具などに用いていたことは、土器底部の圧痕《あっこん》で知

縄文後期の竹籠（福島県荒屋敷遺跡出土）

られていたが、早くから網代編みの籠も作られていたのである。

この写真は福島県荒屋《あらや》敷《しき》遺跡からの出土品であるが、明らかに網代編みの竹籠の一部である。やはり縄文時代晩期を代表する、すぐれた竹製品である。

そのように縄文遺跡から、材質はタケと推定される籠が出土しているが、問題点もいくつか指摘されている。寒冷地の東北地方に、はたしてタケが自生していたのかどうか。金属製の鋭利な刃物がないのに、どのような道具でタケを割いたのか。タケが手に入らぬ地方では、加工しやすい樹皮や蔓などで製作されたのではないか——おおよそこのような疑問である。

日常什器《じゅうき》などの木製品は、縄文早期の遺跡からも出土している。生産用具としての骨角《こっかく》器も関東や東北地方から出土しているが、その大半は漁労具であった。金属の刃物がない時代であるから、これらの木器や骨角器は、石器で製作された。鋭い縁と先端を持ったナイフ型石器や削器《さっき》（スクレーパー）を工具として、木・角・骨・牙などが加工されたのだ。青森県二ツ森貝塚から縄文前期の骨角製の「櫛」が出土している。鹿の中足骨を丹念に細工しているが、木や竹の櫛も作られたであろう。

縄文後期になると、刃の切れ味のよい工具として、さまざまの石斧《せきふ》類が作られた。精巧な細工に用いる石小刀も作られるようになった。蛇紋岩《じゃもんがん》のような弾力性のある石材を用いた磨《ま》製石斧《せいせきふ》の出現によって、加工技術は一段と進歩した。したがって、これらの工具で竹を割いてヒゴを作ることは可能であった。石小刀は竹細工に適していたのではないか。

神聖視された櫛

さらに注目されるのは、縄文時代の各地の遺跡から「櫛」が数多く発掘されていることだろう。金属の鋏《はさみ》が実用化されるまでは、頭髪を切り整えることは大変だった。石や木のナイフでは髪の毛はうまく切れない。たぶん竹刀が一番適していたが、竹材はまだ簡単には入手できなかった。男も女も、両頬から胸のあたりまで髪を垂らしていたのではないか。だから、どうしても髪を束ねたり縛ったりして結髪しなければならなかった。蔓《つる》や木の皮などを巻きつけてなんとか結っていたのだろう。

しかし、装身という文化的な意識がしだいに進展するにつれて、縄文人もその格好を気にし始めた。そうすると、

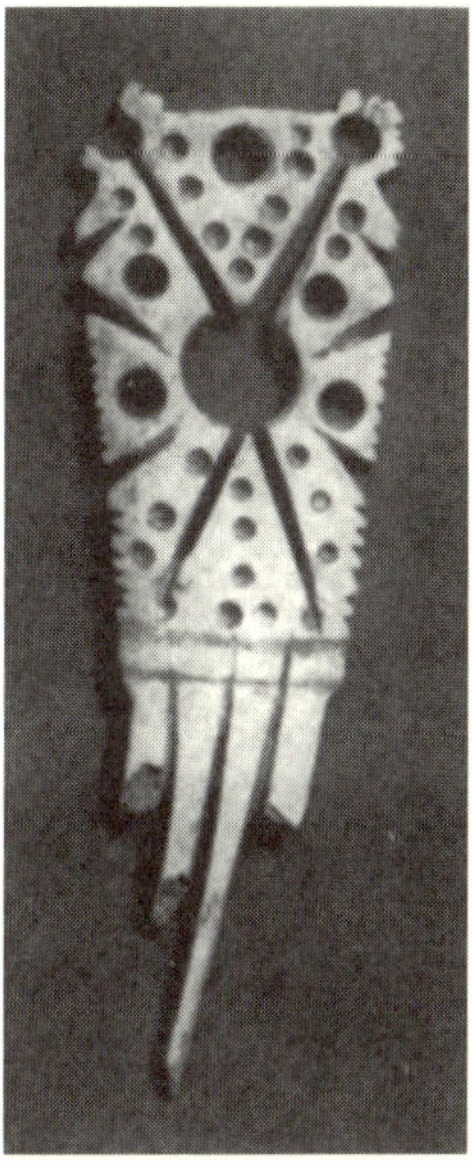
縄文前期の骨角製櫛（青森県二ツ森貝塚出土）

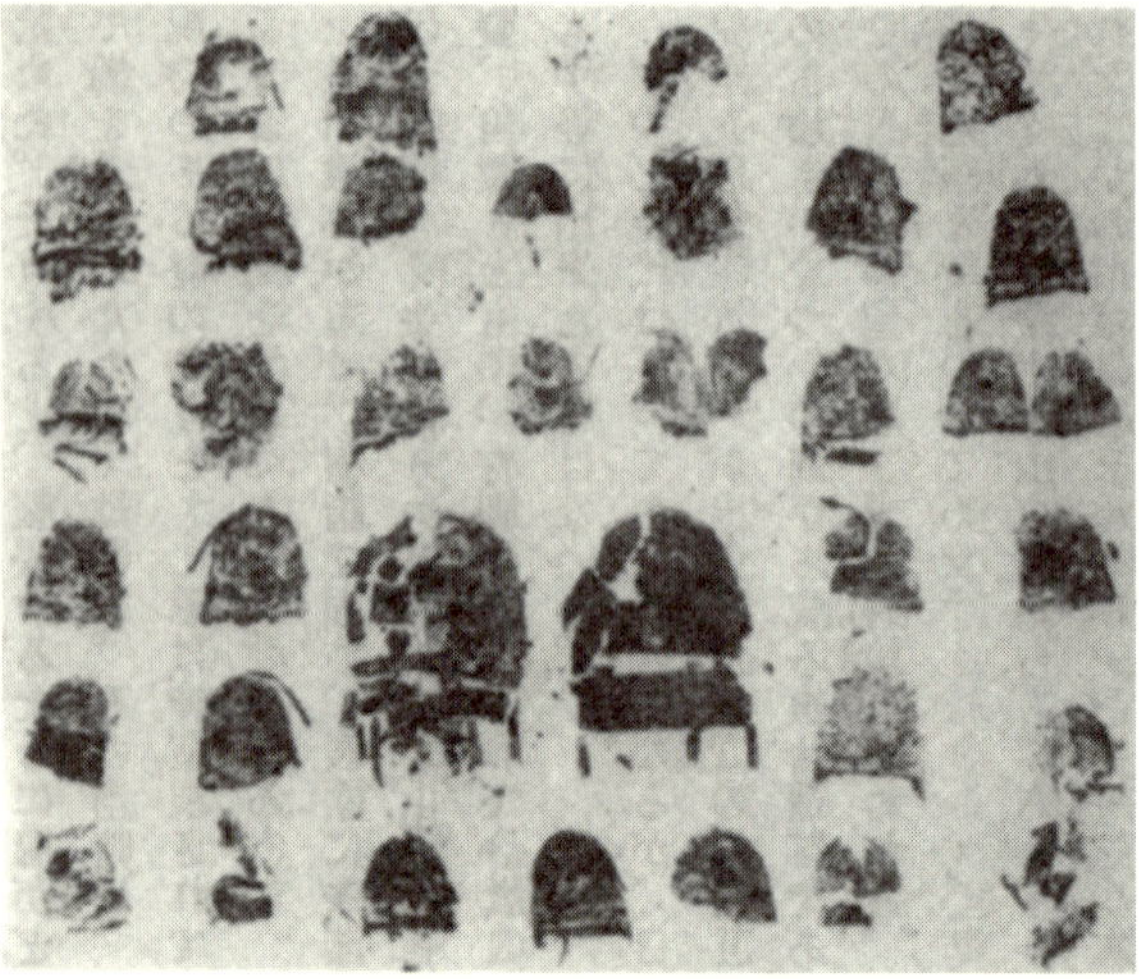

出土した38本の竹櫛（『鳥居龍蔵全集』より）

整髪するために櫛がどうしても必要になってきた。ファッション用として櫛を愛用しただけではない。その当時は、櫛を髪に挿すことは、呪術的儀礼の一つであった。呪力のある髪の飾りとして櫛は神聖視されていた。遺骨の傍におかれている状況などからみても、よほど櫛を大事にしていたのだろう。

是川遺跡からは、樹脂で固め、表面に朱漆を数回塗った櫛の頭部が発掘された。この竪櫛《たてぐし》のほかに同じく朱漆塗りの弓や木器も出てきた。いずれも精巧な加工品であった。「櫛」は、木製、角製とともに、竹製品も作られていたことがはっきりしてきた。材質からみて、竹製が最も手軽に出来たのではないか。

ずっと時代は下って古墳時代になるが、日向の延岡に近い天下《あもり》古墳から、一九一一年にほぼ完全な形で「竹櫛」が出土した。このあたりには縄文時代からの古い遺跡が散在していて、この古墳もいくつかの層から成る複合遺跡である。古墳の表面には河原石が並べられていたが、この葺石《ふきいし》は神聖な場を表す磐境《いわさか》と思われる。発掘された粘土棺内の遺体は一四本の竹櫛を挿し、頸《くび》に曲玉《まがたま》と管をつけていた。

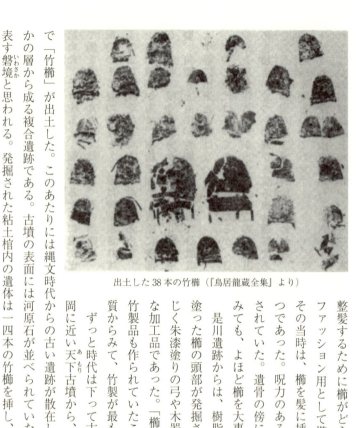

すぐ近くの浄土寺山古墳からも、六メートルもある長大な粘土棺が発掘された。東西におかれた二つの遺体は、それぞれ一〇本、三八本の漆塗りの「竹櫛」を頭に挿しており、櫛には毛髪が付着していた。特にその三八本の中に、ひときわ大きい美しい朱塗りの竹櫛があった。この配列はどうみても呪術的である。

この日向遺跡群を発掘したのは、当時の人類学・考古学研究の第一人者であった鳥居龍蔵《とりいりゅうぞう》であった。天下古墳から最初に竹櫛を発見した際の感動を次のように記している。

私はこの粘土棺の白い土に赤い朱と曲玉・櫛等が現れた時、崇高な念にうたれ、忽《たちま》ちたじたじとした。そして死者に対する敬恭《けいきょう》の念と、永らく埋もっていた時間とが合して、ここに一種いうべからざる、頗《すこぶ》る崇高で尊厳な神秘的感じが起こり、思わず識《し》らず合掌の姿勢をとった。

浄土寺山古墳から見つかった竹櫛の構造を詳しく調べて、「竹の最も堅い表皮を幅五里くらいに針のように細く滑らかに削り、子骨となし——子櫛は一〇本立て五分幅、親櫛は二〇本立て一寸幅ぐらい」と、鳥居は報告している。そして、「三八本も頭髪に挿されているのは、これは装飾品と見ずして何と見たらよいか」と、呪術性の強いことを示唆した。

さらに鳥居は、日向の古墳群から出土したクリス式短剣や鉇式矛《もりしきほこ》などの武器についても、これらの発掘品はいずれもインドネシア式であると指摘して、次のように結論したのである。「九州南端のこの地が北九州とは大いにその性質を異にし」ているが、このことは「かの隼人等に関係するそれであるまいか。」（鳥居龍蔵『上代の日向延岡』）

三　古記録に出てくる竹林
――『魏志倭人伝』と『風土記』――

さて、日頃竹林を見慣れている人びとは、日本の森林で竹林の占める割合はかなり高いと思っているだろう。私も何人かに訊ねてみたが、三～五パーセント程度という答えが多かった。実は私も、その程度はあると思っていた。ところが調べてみると、森林総面積約二六〇〇万ヘクタールのうち、竹林はおよそ一〇万ヘクタールにすぎない。大ざっぱに言って〇・三八パーセントである。一パーセント以下とは全く意外だった。この数字は、人里近くでは竹林が目立つが、山深い奥山には竹林はほとんどないことを示している。その数字よりもはるかに大きい存在感を、日本列島の住民は《竹》に感じてきたのである。

『魏志倭人伝』に出てくる竹

例えば、『魏志倭人伝《ぎしわじんでん》』は三世紀頃の日本列島の物産や風俗を紹介した貴重な文献であるが、そこではたった三カ所しか竹が出てこない。まず一大国（壱岐）の条に、「竹木叢林多く、三千ばかり家あり」とある。今日の壱岐はそんなにタケが多くはないが、当時は目立って繁茂していたのだろう。

第二は狗奴《くな》国の条で、用いられている武器の中に「竹箭《ちくせん》」が出てくる。箭は矢のことで、中国では函谷関《かんこくかん》から東では矢《し》、西では箭《せん》と言った。箭にはヤダケを用いた。ヤダケはササの仲間であるが、五メートル程度まで真直に伸び、幹も堅いので矢に適していた。

この狗奴国は、邪馬台国の南にあると記されている。その国の住民は、「男子は大小となく皆黥面《げいめん》文身《ぶんしん》す」とある。そして、「断髪文身し、以て蛟竜《こうりゅう》の害を避けき。今、倭の水人、好んで沈没して魚《ぎょ》蛤《こう》を捕ふ」とある。黥面は顔の入墨であり、文身は身体の入墨である。頭を丸坊主にし、入墨をして、水に潜って魚や貝類を捕る――このような習俗は、南方系海洋民の風俗に実によく似ている。

蛟《みずち》も竜も、想像上の巨大な動物である。見た目には恐ろしい怪獣であるが、中国では吉瑞《きちずい》を表すめでたい聖獣《せいじゅう》とされてきた。中国のみならず東南アジアにおいても、海や河川に生きる民の守護神とされていた。このようにみてくると、狗奴国は南九州の一地方であって、のちに熊襲《くまそ》・隼人として歴史に登場する南方系海洋民の小国であったと考えられる。

第三は倭国の産物の条で、まず樹木を九種類あげて、ついで「竹には篠《しょう》、簳《かん》、桃支《とうし》あり」と三種の竹をあげている。篠は、中国ではササをさす。簳は幹の細い竹であるが、たぶんヤダケである。

桃支についてはいくつかの解釈があるが、これはシュロチク（棕櫚竹）ではないか。古人は、このシュロチクも竹の仲間に入れていた。しかし、棕櫚竹は、ヤシ科シュロチク属である。暖かい西南日本では露地《ろじ》植えで育つ。中国の使者が見たのはこれだろう。桃支を、籐《とう》とみる見解もある。だが籐細工でよく知られている籐《ラタン》は、熱帯産のヤシ科の蔓性の木であって、この日本列島では育たない。

『風土記』に出てくるタケ・ササ

次に『風土記』に出てくるタケ・ササについてみてみよう。和銅六（七一三）年の風土記撰進の官命に応じて、諸国から提出された記録が、現在では『風土記』と総称されている。唯一の完本とみられている出雲の風土記を含めて、いずれも八世紀前半に作成された各地方からの報告書である。『古事記』『日本書紀』には見られぬ各国の地誌、それに地方の風俗や伝承がたくさん出てくるので、その当時の民俗や文化を知ることができる貴重な記録だ。地誌・物産・民俗の三領域に大別できるが、タケ・ササは主として地誌と民俗の分野に出てくる。

各地方の地誌では、地名の由来やそれにまつわる伝承なども驚くほど丹念に採録されている。村々に生えている草木についても実に精密に記録されているのだが、タケ・ササはあまり出てこない。逸《いっ》文《ぶん》を含めてもわずか二十数カ所である。繰り返し調べてみたが、これは意外であった。やはりその当時は、タケは全国どこにでも見られる植物ではなかったようだ。

まず『常陸《ひたち》国風土記』では、三カ所だけ竹が「多《さわ》に生《お》へり」とある。その種類は、「竹・箭《やだけ》」と記されている。ただ鹿島神宮の神域については詳しく描写され、「松と竹の垣で外を衛《まも》り」「神仙《かみ》の幽居《かくれす》める境」とある。この松と竹は自生種ではなくて、やはり神域にふさわしい樹木として植えられたのだろう。

『出雲《いずも》国風土記』は、さすが完本だけあって物産の項目は充実している。「山野に在るところの草木」も、詳しく報告されている。だが、やはりタケはほとんど出てこない。地名の注記に、小竹《しの》が二カ所、宇竹が一カ所出てくるだけだ。宇竹はオオタケと訓み、『倭名類聚鈔《わみょうるいじゅしょう》』によればハチクをさしている。箭や筌も出てくるから、竹細工が行われていたことは確かなのだ。

出雲国大原郡阿用《おおはらのこおりあよ》の郷について、興味深い古老の伝承が紹介されている。ここに山田を作っていた農民が、「目一つの鬼」に食べられてしまった話である。男の父母は鬼から逃れて竹原《たかはら》の中に隠れたが、その時に竹の葉がそよそよと動いた。それを見て食べられた男が「動動《あよあよ》」と声を出したので、この地は阿欲《あよ》と呼ばれ、神亀三年に阿用と改めたという話である。

出雲の山地は、当時からこの列島でも有数の鉄の産地であった。粘土製の炉に砂鉄と木炭を入れ、踏鞴《たたら》で送風し一〇〇〇度ほどの火力で鉄を造った。今でも奥出雲に入ると、あちこちに古代のタタラ吹きの遺跡が見られるが、「目一つの鬼」は、このタタラの火で目をやられた鉄づくりの山男であろう。村里に住む農民から見れば、彼らは異様《いよう》な形相《ぎょうそう》をした山に棲《す》む鬼であった。山から山へ漂泊しながら鉄づくりに従事した彼らは、近世から近代へ入っても「タタラ者」として賤視されてきたが、そのような偏見はすでに古代に胚胎《はいたい》していたのである。

同じく山陰地方の『因幡《いなば》国風土記』の逸文では、高草郡《たかくさのこおり》の地名の由来に関わって竹が出てくる。野の草が高く茂っていた、竹林があったので竹草の郡と呼ばれた——この二つの解釈がまず述べられる。そして、記紀神話に出てくるあの有名な「稲羽《いなば》の素兎《しろうさぎ》」(因幡の白兎)は、実はこの地の竹林の中に住んでいた「老タル兎」であったという伝承を紹介する。それにしても、竹林と兎とは珍奇な組み合わせである。この話は鎌倉時代に成立した『塵袋《ちりぶくろ》』の巻一〇に収録されているのだが、有名な古事記の説話に加筆したものだろうか。それとも地方に伝わる別系統の説話なのだろうか。

次に『播磨《はりま》国風土記』であるが、揖保郡美奈志川《いいぼのこおりみなしがわ》の条には、「櫛」の霊力にまつわる話が出てくる。土地の伊和《いわ》氏の奉じるふたりの神が水争いをした際に、櫛を用いて流れる水を塞《せ》き止めたというのである。小さな櫛で川の流れを止めることは到底できないから、これは櫛の呪力で塞き止めたのだ。

賀毛郡三重《かものこおりみえ》の里の地名伝承も面白い。ひとりの女が筍を引き抜いて布で包んで食べていたが、毒にあたって足を三重に折り曲げて座り込んでしまった。それでその地を三重の里と称するようになった。精の強い筍は、あまり食べ過ぎると食中毒になると信じられていたのであろう。竹には精霊が宿るとされていたが、時代が進んでアニミズム思想が風化するにつれて、それは竹の強い精力として語られるようになった。

同じく賀毛郡の加古川のほとり、小目野《おめの》の地名伝承に小竹葉《ささば》が出てくる。応神天皇がこの野に宿られた時、四方を望んで「彼《そ》の観《み》ゆるは、海か、河か」と問われた。「此《こ》は霧なり」と答えると、「大き體《かたち》は見ゆれども、小目なきかも」とおっしゃった。地形の大体の所は分かるが、細かい地形はよく分からぬの意である。それで小目野と名づけられたが、この野で詠まれた歌が紹介されている。

愛《うつ》くしき　小目《おめ》の小竹葉《ささば》に
霰《あられ》ふり　霜《しも》ふるとも
な枯《か》れそね　小目《おめ》の小竹葉《ささば》

美しい小目の小竹葉に、霰や霜が降ってもお前は枯れるなよと解されるが、これは神楽の「採物《とりもの》の歌」であろう。随行の女官に、この小竹葉を持って舞い歌わせたのかも知れぬ。採物は舞人が手にして舞う神聖な物で、神の降臨する依代《よりしろ》とされた。神楽で採物としてよく用いられた植物は、榊《さかき》・篠《しの》・葛《かずら》である。この小目野の小竹葉は篠、つまり笹である。

アマテラスオオミカミが天岩屋戸《あまのいわやど》に隠れた時、アメノウズメノミコトが天香山《あまのかぐやま》の「小竹葉」を手草《たぐさ》にして「神懸《かみがか》り」した神話はよく知られている。この小竹葉も、採物であった。それを手に持って舞うことは舞人が神懸りして神と一体化すること、つまり、シャーマニズムでいう憑依《ひょうい》である。舞っている時に、採物から神霊が舞人に乗り移って物狂《ものぐる》いとなる。

中世の猿楽能や近世の歌舞伎でも、舞台で舞う際に採物が用いられた。能の『百万』や『隅田川』などは狂女物としてよく知られている。世阿弥作と伝えられる『百万』では、シテの狂女百万が手に笹を持って舞う有名な「笹の段」がある。ひとり子を失って心が乱れ、古烏帽子《えぼし》をかぶり笹を手にして狂い歩いている。この笹に乗り移った神霊のおかげで無事わが子が見つかるのである。この採物の笹は、特に「狂笹」と呼ばれた。

最後に『万葉集』についてすこし触れておこう。長歌・短歌あわせて三〇あまりの竹に関する歌が収録されているが、自然の美しさを愛でるために竹林の風情を詠んだ歌は少ない。枕言葉や比喩として竹が用いられ、微妙な心象の動きを小竹に託したり、高貴なものを表象するシンボルとして竹が詠まれている。

平安朝の貴族文人は輸入された漢籍《かんせき》を通じて中国の詩文についてかなりの素養を持っていた。唐の白居易《はくきょい》や王維《おうい》など著名な詩人たちが、竹にまつわる五《ご》言絶句《ごんぜっく》を書いていることはすでに知られていた。そのような中国文人の竹礼賛に倣《なら》って、日本の貴族文人も〈竹の文化〉を自分たちのものにしようと試みたのである。

第三章　民衆の日常生活と竹器

『古今要覧稿』より「孟宗竹」

一　農具・漁具・生産用具・楽器

原始時代からの漁具

さて、身近にある竹製の道具や農具についてはよく知られているし、物の本にも出てくるので、ここでは私の見聞記をまじえて今日ではあまり知られていない竹器類を紹介しておこう。

漁具では、早くから「筌《うけ》」が作られていた。弥生時代の遺跡からも出土している。構造がきわめて簡単な最も原始的な漁具である。やや太目の竹ヒゴを編んで筒状や籠状に作る。タケ・ササがない地方では、丈夫な蔓などで作っていた。それを流れに沿って海や川に沈めて、魚やエビ・カニを捕る。一度入ると出られないように漏斗《じょうご》状の返しがついている。

少年時代を田舎で過ごした人は、手作りの筌で魚捕りをした記憶があるだろう。今は川が汚れて川魚漁そのものが衰退してしまったが、南九州や南西諸島では筌漁が今でも続いている。さすがに日本一の竹産県だけあって、「鹿児島県歴史資料センター・黎明館」の民具部門には、この地方で用いられてきた筌類がずらりと展示されている。アリヨ、チンニル、イカカゴ、ベテゴ、エビカゴ、コイカゴ、アルホなど各種あるが、ほとんど竹製である。沖永良部島《おきのえらぶ》の和泊町《わどまり》のチンニルは、サンゴ礁のそばに沈めて岩陰にいる小魚を追い込む筌で、これはヤマカズラ製だ。（同センター『鹿児島の歴史と文化』）

鹿児島地方で使われている筌

筌はアジアを中心に世界の各地で見られるが、やはりタケの多い南太平洋一帯が「筌」の原産地ではないか。籐で編んだり割木を組み合わせて作ることもある。海でも用いられるが、川の河岸や瀬に仕掛けることが多い。「簗《やな》」と組み合わせて、流れが急な瀬に夜おいておく。

次頁の写真は、東マレーシアのボルネオ島のラジャン河に沿った海ダヤク族のロングハウスで撮った。このあたりの山奥では陸路がないので、ロングハウスはほとんど河岸にある。彼らの生業は、山仕事・焼畑農耕・狩猟、それに川魚漁である。だからどのロングハウスに入っても、大小さまざまの筌や篊《ひび》が見られる。

カキ・ノリ養殖と塩乾物

「篊」もやはり原始的な漁具の一つである。太目の竹ヒゴで編んだ籠状の漁具で、魚を誘導するように一方の口が開いている。中に餌を入れておいて、それにおびき寄せられて入り込んだ魚を捕る。海では満潮時に沈めておいて、干潮時に引き上げて中へ入り込んだ魚を捕る。

今日では、篊はカキ、ノリの養殖で知られている。一七世紀の寛永年間、広島の安芸郡で、海中に立てた枝

海ダヤク族の筌。ボルネオ・ラジャン河上流

付きの竹にカキの幼生が付着しているのが偶然見つかった。それから、竹篊を海中に並べる「カキ養殖」が始まった。広島湾のカキ生産は、この新養殖法の発見によって飛躍的に増大した。それまでは天然ガキだけだったから、収穫量も少なく高価だった。大坂の商業資本は、すぐこの養殖法に目をつけて西日本の市場を独占した。それまでは、都会にはカキはほとんど出回らなかった。今も大阪の道頓堀につながれているカキ船は、その頃からの由緒を誇るカキ料理専門店だ。

瀬戸内海の海水のきれいな湾では、このカキ養殖の筏が島陰にいくつも見られて、今では一つの風物になっている。タテ二〇メートル、ヨコ一〇メートルの筏が組まれ、夏は島嶼部、秋から冬にかけては沿岸部へ移動する。この筏は太いモウソウチクで組み立てる。「養殖筏」といえば、真珠の養殖にもモウソウチクを用いる。

先史時代から、海草類は重要な栄養源であった。海苔《のり》も早くから食べられていたが、海民による天然ノリの採取に限られていた。浅い海底でノリの胞子《ほうし》を付着させて育成する「ノリ養殖」が始まったのは、やはり近世に入ってからである。東京湾の大森近辺の漁民が、魚を捕るために建てた篊にノリがつくことを見つけたが、これがノリ養殖のきっかけになった。

ノリの養殖も、最初は竹枝を用いた。クヌギやケヤキなどの粗朶《そだ》（木の枝）も用いられたが、今は化学繊維の網篊が開発されて竹篊は用いられなくなった。摘んだノリは海苔簀《のりす》の上で乾燥させるが、これは葭《よし》で編んだ。カキにしろノリにしろ、実際に養殖現場で働いたのは漁業権も漁船も持たぬその日暮らしの貧しい海民たちであった。

塩乾物《えんかんもの》もタケとの関わりが深い。例えば志摩半島の「熨斗鮑《のしあわび》」は伊勢神宮の神饌《しんせん》として供えられるので有名だが、肉を薄くそいで伸ばす際には、竹筒を転がして長く伸ばす。「クサヤ」を作るには目笊《めざる》と簀《す》が必要だが、これも竹製でないと上物に仕上がらない。「スルメ」も、竹串を横に渡して一匹ずつ広げて乾かすと本格的に仕上がる。「塩辛」は、ブツ切りにしたイカを竹笊に入れて、一時間ほどおいてから水を切る。充分水切りをしていないと、良い味付けができない。最近はやりのプラスチック製の笊を使うと、膜《まく》ができてうまく水が切れない。したがって製品も長持ちせず、味も良くない。

「竹輪《ちくわ》」は、魚肉を叩いて擂《す》り鉢ですった擂り身を竹の棒に巻きつけ、それを焼いたり蒸したりして作る。最近では、竹の棒を用いた本物の竹輪はあまり見られない。プラスチック製だと、見ただけで味は半減する。山陰のアゴ竹輪のように、竹の棒に擂り身を巻いて、こんがりとヤキガマで焼いた物が絶品である。このチクワダケにはハチクが用いられる。

私たち人間が生きていくためにはなくてはならぬ塩も、広い意味での海産物である。海から塩をとるには、揚浜《あげはま》と入浜《いりはま》の二通りの「製塩」法があった。充分に塩分を吸った海岸の砂をかき集め、それを木製の濾《ろ》過《か》箱に入れて漉《こ》し、濃い塩水をさらに煮詰めて塩をとる――これが揚浜式である。その濾過箱は「シオブネ」と呼ばれたが、そこにマダケを二つ割りにして簀子《すのこ》状に編み、その上に砂をのせて海水をかけた。

潮を汲みあげる揚浜に対して、満潮時に潮を引き入れる塩田を入浜と呼ぶが、一七世紀に瀬戸内海に導入された。全国産額の八〇パーセントを占めるようになったが、この製塩法にも竹が用いられた。干潮になって海水がなくなると、塩の結晶が付着した砂を「竹万《たけま》鍬《ぐわ》」で掻いて日光に晒《さら》してこれを集める。それを海水で溶かした鹹水《かんすい》を「竹管」で流送して釜で炊く。何日も焚いてからとりあげた塩は、苦汁《にがり》除去装置で精製するが、この濾過装置にもやはり「竹の簀子」が用いられた。

さまざまな竹技術

産業上でタケを用いた例として製塩についてみたが、養蚕《ようさん》も逸することはできない。蚕《かいこ》の棚飼いでは、蚕枠と呼ばれる棚を竹で作り蚕籠を差し込んで養蚕した。繭《まゆ》を作る場所である蔟《まぶし》も、古くは竹枝をそのまま利用した。

漆掻《うるしが》きも竹ヘラが多く用いられ、漆を入れる盆は竹筒製で腕に巻きつけて固定させた。紙漉《かみす》きには、竹簀、または萱簀《かやす》を用いた。左官大工の仕事でも伝統的な土壁は木舞《こまいかべ》壁であった。マダケやシノダケを縦割りした木舞を縦横に組んで、それを下地の芯《しん》にして泥に藁《わら》を切り込んだ荒壁を厚く塗り、漆喰《しっくい》などで仕上げた。

家具類について一言しておくと、江戸時代の長屋暮らしの庶民は、ほとんど家具らしい道具を持っていなかった。簞笥や長持といった家具も、市場に出回りだしたのは一七世紀に入ってからで、腕前のすぐれた差物師《さしものし》が作る木工品は、すこぶる高価だった。農山村や漁村の貧しい民衆の家も、掘建て小屋に毛が生えた程度のものだった。したがって、農具や漁具のほかには、わずかの炊事道具と日用品を入れる籠があれば事足りた。その籠は、安価で手に入りやすい竹籠が多かった。

近世初期までは、井戸は人力に頼って真っ直ぐに掘り下げた。いわゆる掘井戸である。最も簡単な井戸は、節を抜いたタケを土中深く差し込むだけで水を呼んだ。もちろん、これらの井戸では、深い所から水を汲み上げることはできなかった。

ところが一八世紀に入ると、鉄棒で細い孔《あな》を穿《うが》って、地下水を自噴させる「掘抜き井戸」が作られるようになった。灌漑用水を得るための深井戸であった。特に関東の上総《かずさ》地方で考案された深井戸掘りの技術は、世界に例を見ない技法だった。わずかの材料と人数で、四、五百メートルの深さまで掘ることができた。まさに近世のノーベル賞級の発明である。

この技術は、タケの弾性と耐伸性を利用して開発された。タケを割って作った「ヘネ竹」の先に掘綱をつける。それが、モウソウチクを数本たばねた「弓竹」に結ばれる。その掘綱を引いたり緩めたりして、弓竹の弾力を利用して掘り進む。掘り進むにつれてヘネ竹を継ぎ足していくが、それにはモウソウチクのヒゴを用いたので、深く延びてもタケの弾性を保つことができた。掘り終えた井戸には材質の硬いマダケ製の竹樋《たけとい》を入れるが、上質の「竹樋」は数十年の耐久力があった。この技法は〈上総掘り〉の名で知られたが、原動機時代に入ってもその技法は生かされ、各種の地層探査や石油掘削に応用された。（大島暁雄『上総掘りの民俗・民俗技術論の課題』）

もっと単純素朴であるが、ほぼ同質の技法をボルネオ島の奥地に住むプナン族が用いていた。山の漂泊民であるプナン族は、日本のサンカとよく似ていて、竹細工や川魚漁が得意である。狩猟には先に毒を塗った吹き矢を用いる。矢を吹く筒は、材質のきわめて硬い鉄《アイアン・ツリー》の木で作る。硬い木を長さ三メートルほどに細長く丸く削って、その真ん中に小さな孔を真直に穿《うが》つ。これはなかなか至難の技である。たまたまクチンにある民俗村で、私もその作業を見せてもらったが、その孔を穿つ時にヘネ竹を用いる。技法の根本は上総掘りと同じである。櫓を組んでその上から鉄の針とヘネ竹を用いて、鉄の木に直径四、五ミリの孔を開けていく。一本完成するのに一週間はかかるという話だった。

竹簡と竹紙

紙は、植物繊維を細かく砕いたものを漉《す》いて作る。約二〇〇〇年を遡る前漢の頃に中国で発明された。書き言葉である文字と、それを記して知識情報を伝達する紙の発明は、文化の発展と普及において画期的な役割を果たした。

紙が発明されるまでは、文字は短冊形に削った竹や木に記された。それが「竹簡《ちくかん》」「木簡《もくかん》」である。

簡は「竹の札」であるから、木簡よりも竹簡の方が早くから用いられた可能性がある。タケの多い地方ならば、手間のかかる木簡作りよりは、竹簡の方が手軽にできた。

一つの簡に文字が書き切れない場合は、多数の簡を使ってそれを紐でしばって用いた。それを「冊《さつ》」と呼んだ。この紐には、丈夫な鞣革《なめしがわ》が用いられた。本を読むことを「繙《ひもと》く」と言うが、これは巻物の紐を解いて広げる意である。

冊の字は、中国最古の文字で殷《いん》代の象形《しょうけい》文字である甲骨文字《こうこつもじ》に出てくるから、前一二世紀頃にはすでに用いられていた。この「冊」をぐるぐる巻いて保存した物を「巻」と言う。何冊・何巻という、今日でも用いられる呼称はここに発している。白絹を素材にして文字を写す方法もあったが、とても高価で文化の普及には役立たなかった。いずれにしろ、この厖大な竹簡・木簡の巻をいちいち繙くのは大変だったので、紙の発明が急がれたのである。

中国における初期の製紙は、麻が主原料だった。隋・唐の時代になると、楮《こうぞ》・桑・藤なども用いられた。タケを原料とする「竹紙《ちくし》」は、唐の時代から製造が始まったと言われているが、その起源は明らかではない。しかし、タケの多い江南地方を中心に、宋代になってから盛んになったことは確かである。その頃の竹紙は、紙としては上質の部類に入った。

日本にも、六世紀に朝鮮半島を通じて中国の製紙技術が伝わった。以来、日本の製紙法は、長い歴史の間に独特の発展をとげた。楮・三椏《みつまた》・雁皮《がんぴ》などを原料とする独特の和紙の技術である。しかし、結局日本では、「竹紙」はあまり作られなかった。古代・中世を通じてタケそのものがあまり生えていなかったこともあるが、やはり手間隙がかかり、技術も複雑なので、結局は商業化されなかったのだろう。『越前竹人形』でよく知られているように、水上勉は竹文化と深い関わりのある作家であるが、近頃は竹紙の製造に力を注いでおられるようだ。竹紙は現代では貴重な文化遺産である。

竹皮の馬連

印刷術の歴史は、唐代の木版印刷から始まった。木版に文字を彫って墨を塗り、上から紙をあてて刷具でこすって写し取った。

朝鮮も印刷術の先進国であった。日本にも朝鮮から木版の技法は伝わっていたが、本格的に印刷が行われるようになったのは近世に入ってからである。豊臣秀吉の朝鮮侵略の際に、朝鮮で行われていた銅活字を日本に運んできてからである。

九州では西洋式の金属活字によるキリシタン版も刷られたが、これらの活字印刷の流行も一七世紀後半になるとしだいに衰退していった。やはり活字を作る技術を習得するのが大変で、元禄期以降の急速な大衆文化の普及に即応できなかった。それ以後日本独自の木版印刷が流行した。

近世日本の木版印刷では、その刷具を馬連《ばれん》と呼んだ。この馬連も竹文化の一つである。和紙を四〇枚も貼り合わせて作った皿型の当て皮に、「竹の皮」で編んだこよりを巻いた円板を合わせ、さらにそれをやわらかくした「竹の皮」で包んで馬連が出来上がる。木板に紙をあてて、この馬連でこするのだ。

世界一の木版画として世界美術史にその名を残す「浮世絵」も、この「竹の皮」の馬連を用いることによって、あのすばらしい色調を出すことができたのである。最初に竹の皮に目をつけたのは誰か分からないが、これも竹林国日本ならではの考案である。「馬連」の起源も語源も不明だが、今ではbaren は国際語として通用している。

竹婦人と湯湯婆

話は変わるが、中国では、夏の暑い夜には風通しよく涼をとるために竹籠を抱いて寝る習慣があった。ほぼ等身大の円柱形の竹籠で、唐代では「竹夾膝《ちくきょうしつ》」、宋代では「竹夫人《ちくふじん》」と呼んだ。竹姫とも竹奴とも呼ばれたようだが、抱く相手のイメージによって呼び名が異なったのだろうが、姫と奴ではえらい違いである。庶民は立派な物は買えないので、太い竹筒に通風用の穴をあけて代用品としたのであるが、これはあまり夢見は良くなかったようだ。

この竹夫人は日本にも伝えられ、俳諧では夏の季語になっている。ただし、どの程度用いられたのかは明らかでない。タテマエだけは倫理だ道徳だとうるさい国柄であったから、タケを抱いて寝るとはいかにもはしたないという理由で、「竹夫人」はあまり流行しなかった。

夏は竹夫人だが、冬は「湯湯婆《ゆたんぽ》」である。湯婆《たんぽ》は唐音であるが、日本に入ってくるとその上に湯がついた。これも季語になっている。もちろん湯湯婆は冬の季語である。抱いて寝るから夫人であり、足をじわじわと暖めてくれるから婆なのであろうか。

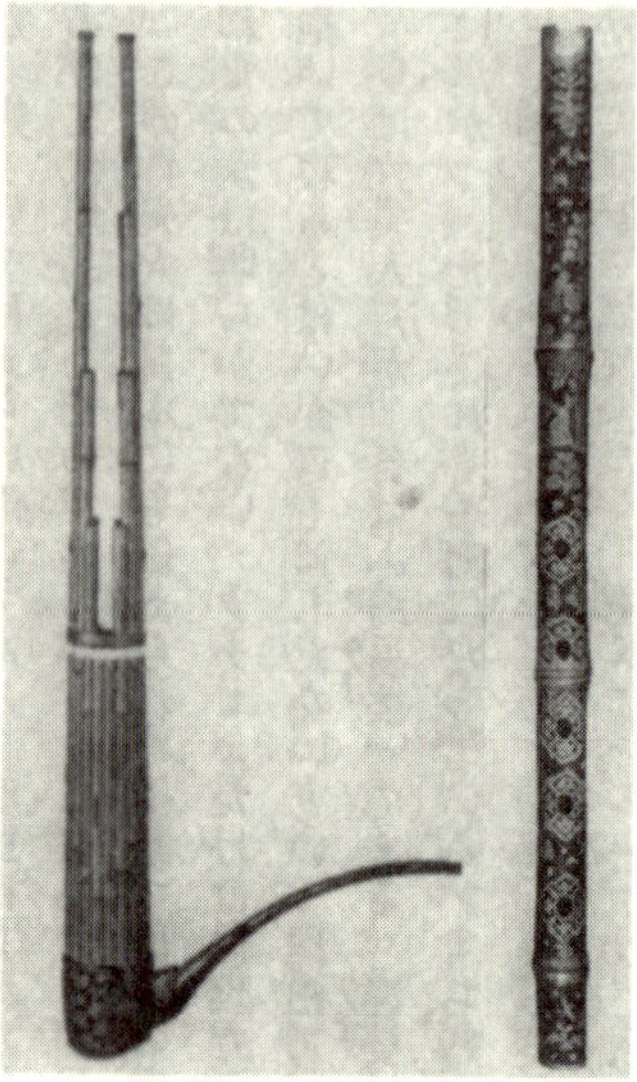

正倉院宝物の笙と尺八

竹管楽器の歴史

正倉院には数多くの宝物が収蔵され、奈良・平安朝の朝廷貴族文化の一端を知ることができる。それらの宝物の材質はさまざまであるが、植物質ではヒノキとケヤキが多く、タケやカズラもかなりある。

竹製品ではまず楽器類が目立つ。「笙《しょう》」や「簫《しょう》」のように、中国伝来の楽器が多い。天武天皇より歴代相伝とされるハチク製の尺八も有名だが、表皮を削って微妙な文様を浮かび上がらせた逸品である。文具類では竹製の筆が目立つ。天平宝物筆は、文治元年（一一八五）八月二八日の大仏再興開眼会に後白河院が用いた筆で、ハチク製である。天然の斑竹《はんちく》に似せて人工的に染めつけをした珍品で、当時の竹細工のすぐれた技巧を見ることができる。毛筆は今でも年間一億本以上生産されているが、その軸は竹に限られ、メダケ・ヤダケが用いられる。

中国の楽器は、竹カンムリがついた竹製が多い。鐘や鉦のような銅製の打楽器も早くから作られていたが、管楽器類は竹製が多かった。「簫」は、殷代出土の甲骨文字に出てくるのでその起源はきわめて古い。竹の小管で作るが、管の数はさまざまである。「笙」は『詩経』に出てくるので、やはりその起源は古い。正倉院にある「笙」は、奈良時代に中国より伝来した。「笙」は一七本の細い竹管を直立させ、差し込んだ木製の刳抜《くりぬ》きの壺に口をあてて奏する。うち二本は無音で、一五本に指穴がある。竹管を高くまた低く鳥の翼のように配列している。

竹管楽器で私が最も感心したのは、チモール島・サブ島の「ササンドゥー」である。太い竹管に絃を張るが、まわりにきれいに取りつけたニッパヤシの葉に反響して実に良い音色を出す。タイ・カンボジアの「ケン」、ラオスの「ケーン」も笙によく似た楽器である。タイの奥地で村祭りの際に遊芸民の一行を見たが、もの悲しい音色のケンの伴奏で長い恋物語を歌う。その節まわしは、盆踊りなどに歌われる口説《くど》き節に似ていた。彼らは、村から村へ語り歩く漂泊の芸能民として賤視されていた。

日本では室町期からの説経節が口説きの源流であるが、その楽器は「簓《ささら》」であった。彼らは簓説経と呼ばれたが、説経はやはり賤民の出であった。簓は中世初期から用いられたようだが、近世に入って流行したのが「四つ竹」である。「四つ竹」は、四つの竹片を二枚ずつ両手で持って打ち鳴らすだけで、実に素朴な楽器である。この「四つ竹」を鳴らして歩いた遊芸民は一九三〇年代まで各地にいたが、乞児《こつじ》として賤視された。「四つ竹」はまた、歌舞伎に導入されて囃子《はやし》の名称の一つとなった。生世話物で、下層の貧家などの場面の幕あきに用いられた。

二　江戸時代の竹の博物誌
――『古今要覧稿』をめぐって――

世界最大の竹の百科事典

ここに紹介するのは、《竹》に関する世界最大の博物誌である。この書物は今ではすっかり忘れられているが、江戸時代後期に出版された百科事典である。この書の竹の項目を通読すると、歴史的に蓄積されてきた竹についての情報量の多さだけではなく、日本人が竹に寄せてきた思いの深さがよく分かる。

今から二〇〇年ほど前の文政・天保年間に、幕府の命によって『古今要覧稿』という厖大な博物誌が作成された。屋代弘賢《やしろひろかた》（一七五八～一八四一）が中心になって十数人で編集したのだが、神祇・天文・地理から禽獣・草木に及ぶ一八部全一〇〇〇巻が当初のプランであった。だが、弘賢の病没のために五六〇巻で未完に終わった。もし完成していたならば、日本近世を代表するのみならず、世界の博物史にも名をとどめる一大「百科全書」になっていただろう。

さて、第一七部「草木」を繙くと、その第三六二巻～三八四巻がすべて《竹》に関する記事である。竹を二二項目に分類して、数多いタケ・ササ類の植物誌にあてている。ざっと計算しても四〇〇字詰で三五〇枚はある。しかも各項目ごとに和漢の文献史料が克明に紹介され、各地方の自然誌を踏まえながら各種のタケ・ササに関する植物学的考察も丹念に記されている。

竹についての総合的な研究誌は、三世紀の晋の時代に作られた戴凱之《たいがいし》の『竹譜《ちくふ》』が最古の書物だが、これは三〇枚程度でそう長くない。ところが、この『古今要覧稿』では、竹についての情報量はざっとその一〇倍もある。十数世紀がその間に経過しているのだから、竹についての知識・情報も比較にならぬほど蓄積されていた。いずれにせよこの『古今要覧稿』の《竹》の項目は、これまで世界で出版された最大の「竹の百科事典」であることは間違いない。これだけの情報を収集できたのも、当時における本草学《ほんぞうがく》の発展が背景にあった。本草学者の協力なくしては、この百科全書はとうてい成立しえなかった。

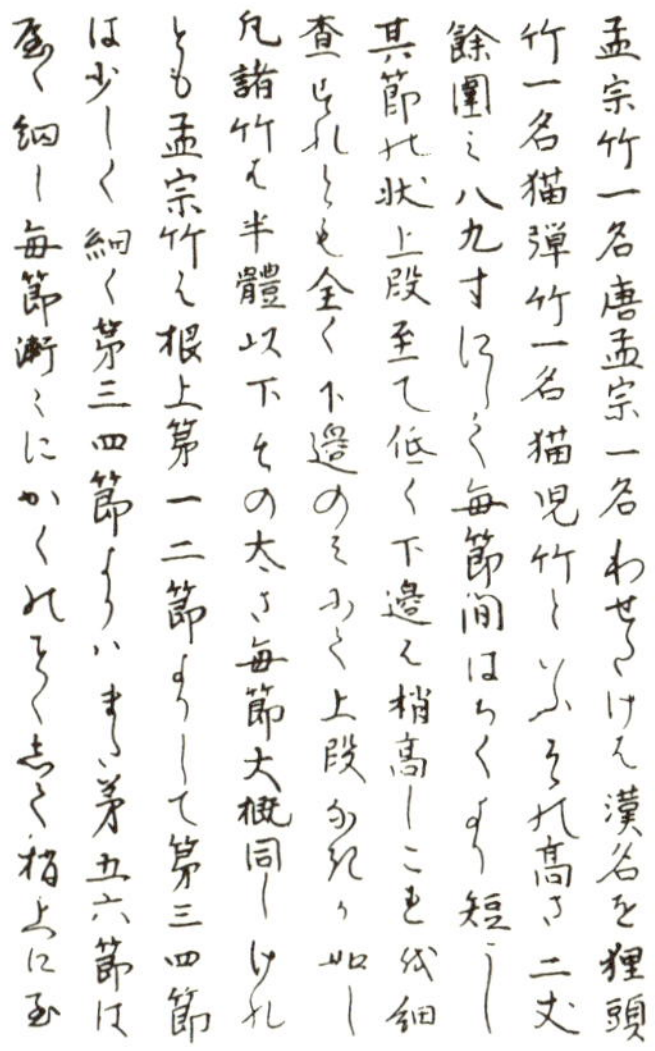
孟宗竹　わせたけ
孟宗竹一名唐孟宗一名わせたけ漢名を狸頭竹一名猫弾竹一名猫児竹といふ是れ高さ二丈餘圍ミ八九寸にして毎節間はちくより短し其節の状上段至て低く下邊は稍高しこも然細査すれとも全く下邊のミふくらみ上段なれか如し凡諸竹も半體以下その太さ毎節大概同しけれとも孟宗竹は根上第一二節よりして第三四節は少しく細く第三四節よりいまた第五六節は更く細し毎節漸々にかくれはくちく梢上に至

『古今要覧稿』

情報収集の熱意

この厖大な「竹の百科事典」を読んでみてさらに驚かされるのは、記紀万葉をはじめ古代からの全文献にわたって、タケ・ササ類についての記述を詳細に調べ上げていることだ。中国の古文献についても、できうるかぎり詳しく照合している。

このような文献探索は、古典を研究して日本固有の文化と精神を究めようとした江戸中期からの国学の興隆という新しい思想潮流とも関わっていた。編集主任であった屋代弘賢は、幕府の右筆《ゆうひつ》を勤めた国学者であった。塙保己一《はなわほきいち》を助けて正続『群書類従』の編集に従事したが、漢学にも深く通じ蔵書家としても著名であった。

この「草木部」の《竹》の項目には、数多いタケ・ササの漢名・和名・通名・俗名・異名など、五〇〇をこえる竹の名が収録され、二二項に分けられている。しかし、現代の植物学の専門家の目から見れば、あまり科学的な分類でないことは一目瞭然であろう。それはともかく、その情報収集の熱意は驚くべきもので、古今の文献はもちろんのこと、ちょっと耳にした竹談議や、珍しい「竹村」の見聞記なども細大洩らさず書き写し記録されている。

近世中期の絵図入り百科事典としては、寺島良安《てらしまりょうあん》によって三〇年もかかって一七一二年に作成された『和漢三才図会《わかんさんさいずえ》』全一〇五巻が有名である。和漢の万物を図を掲げて漢文の解説を付した百科事典であるが、《竹》についても項目が立てられている。彼は大坂の生まれで和漢の学問に通じた古医方《こいほう》家《か》であった。一生を野に過ごした俊才であったが、その生没年は未詳である。独力で百科事典を著したその努力は賛嘆に値するが、専門でないタケ・ササ類についての情報は、当然のことながら限界があった。その情報量は、『古今要覧稿』の約二〇分の一である。

いずれにせよ、自然・植物・民俗・文化・産業の各領域にわたる「竹に関する総合的な博物誌」が作成されたのは、この近世日本において、社会生活のみならず民俗文化の分野でも、タケ・ササがいかに深く人間の日常と結びついていたかを物語っている。

竹学に関する画期的な提言

さて、『古今要覧稿』では、まずこの『和漢三才図会』と『大和本草』『本草一家言』などを挙げて、これらの書物では竹はせいぜい十余種から二十余種しか載せていないと批判する。そして、「近時海外より渡りこし物」も多いので、その種類は一〇〇種に近いと指摘する。

ついで、古来からの慣習的分類法に文句をつける。古代では大きいのを竹、小さいのを篠と呼んで区別した。この列島の自生種は篠であって、大竹はすべて外国より持ち来まれたものだと唱える者がいるが、この説は間違っていると断じる。このような論者は『魏志倭人伝』の記述に惑わされているのであって、そもそもこの書は、日本の風土や産物のせいぜい一〇分の一程度を垣間見て、中国で書き記した物だから誤解が多いのだと付言する。

この列島の北国では大竹は育たないが、九州などの暖国では大竹が自生していた。『倭人伝』の著者は、たまたま「我海浜諸島」で見たタケ・ササを「其竹、篠、簳、桃支あり」と書いたに過ぎない。そのような覗き見的考察だけで、日本のタケ・ササについて論じようとする態度が間違っている。以上のように旧説を批判するのだが、大筋では的を射た卓見である。

さらに続けて言う。中国では竹を「君子」に比しているが、竹は「天地の和」、「貞操の堅固」、「虚《きょ》心《しん》正直」を表わす世に稀な草木とみなされてきた。それは、寒中といえども凜然《りんぜん》と屹立し、清純な緑を湛《たた》えてきたからだ。

竹を「此君《しくん》」と呼んだのは、四世紀東晋の詩人王徽之《おうきし》（王子猷《おうしゆう》）である。彼は会稽《かいけい》の山陰に隠居していたが、こよなく竹を愛した。編者はここで、王徽之をはじめ、中国のすぐれた詩人の竹を詠んだ詩歌を紹介する。ざっと通読しただけでも、その博学多識に脱帽させられる。そして、皇朝でも「刺竹《さすたけ》の大宮人……」と歌に詠まれたが、これは「和漢の人情一つなるが故なり」と結論する。

ついで、竹の用途について詳しく述べる。その物の役に立つ点では、「凡草衆木の及ぶところにあらず」と言い切って、次のように具体例を挙げる。

まづ弓材となし、矢材となし、旗《はた》竿となし、竹束《たけたば》となし、竹槍となし、筧《かけい》となし、桟《さん》となし、傘《かさ》骨《ぼね》となし、扇骨《せんこつ》となし、簫笛《しょうてき》となし、床簀《ゆかす》となし、竹椅《たけいす》となし、編筵《あじろ》となし、書架となし、籠筥《かごはこ》となし、柱杖となし、花尊《はないけ》となし、水滴《みずいれ》となし、杓《しゃく》となし、箸《はし》となし、松明《たいまつ》となし、火縄となし、筆管烟管《ひっかんえんかん》となし、釣竿黏　竿《とりもちざお》となし、箍《たが》となし、簾《すだれ》となす。その用殊に多くして、さらにその徳を君子に比するのみならず、また凡草衆木にも勝れて実に天下の良材なり。

もちろん、ここに掲げられた用例は、竹の用途の一部にすぎない。前節でもみたように、江戸時代における竹製品を全部挙げれば、おそらくこの数倍はあるだろう。

ついで、薬用として古代より用いられてきた「竹葉・竹茹《ちくじょ》・竹瀝《ちくれき》」を紹介し、ハチク、マダケの「生身竹」を用いるとその処方を述べる。さらに「竹根」も産乳に効力ありと『神農本草経《しんのうほんぞうきょう》』を引用して力説する。今日では、竹根を用いる者がないのは残念だと言う。

ちなみに『神農本草経』は、約二〇〇〇年前に成った中国最古の薬物書である。〈神農〉は中国古伝説上の牛首人身《ぎゅうしゅじんしん》の帝王で、百草を嘗《な》めて見分けて医薬の道を開いたと伝えられている。日本でも、近世の香具師《やし》は〈神農〉を職業神として崇めた。今日でも、テキヤや露天商の組織で神農組合を称しているところが少なくない。映画で親しい柴又の寅さんもこの仲間だ。

香具師の本業はもともと売薬であって、「竹瀝」なども扱っていたのだろう。市が開かれる縁日に、威勢よく口上《こうじょう》を述べて客寄せした。「ガマの膏売り」が一番有名だが、この軟膏は外傷やひび・あかぎれに効いた。なお今日ではガマの膏の化学構造が分析されて、強心剤として有効なことが分かっている。中国では古くから蟾酥《せんそ》と称し漢方薬の材料となった。現在では中国から輸入しているが、高貴薬である。

九州山地の竹村

ちょっと横道にそれたが、この編者は次のような「竹村」についての興味深い情報を収録している。編集に参加した佐藤成裕の壮年の頃の実地見聞記である。九州の山地を遊歴した時、珍しい竹村を見たのだ。東西の古文献で、これほど詳しく一つの「竹村」について述べた記録はない。その珍しい風俗を紹介しておこう。

この竹村は、大分県と熊本県の山深い国境にあった。およそ二キロほどは「左右皆竹林」で、それも大竹である。漢竹とあるが、たぶんマダケだろう。水田はなくて、畠が少々あったが、放っておくと筍が出てきてすぐ竹藪になってしまう。床・障子もみな竹造りで、独特の手法で家を建てている。

古くからの竹村だけあって、男女とも一日中竹の仕事に従事している。農業をやることはない。道ばたには材木を積むように伐りだした竹が積んである。やわらかい若筍をとって、ゆでたり蒸したりしてから乾燥させる。三度の食事も、その乾した物を水にもどして料理する。食べてみるとすこぶる美味であった。薪もすべて竹である。竹は油分が多いから、燃料として用いればまことによく燃える。

興味深いのは、「壮健なること世にたぐいなし」「医をたのむこともなし」とあるくだりである。すこぶる健康なので医者の世話になったことはないと言うのだ。もちろん、これは竹の霊力をさしているのではなく、竹に含まれている薬物によって病気にかからぬことをさしている。そして、竹林一帯に充ち溢れている竹の精気と浄化力によって、この竹村の住民は実に元気なのだ。

ところで、この編者はよほど筍が好物だったようで、筍に関する古今の文献を引用して詳しく記述している。筍には毒があるので多食すれば吐瀉《としゃ》すると言われているが、生姜《しょうが》と胡麻《ごま》でその毒は消える。筍は糞が多い所ほどよく育つが、食べて美味なのは第一がハチクで次はマダケであると断定しているが、おそらくまだモウソウチクの味を知らなかったのだろう。筍は掘りたてが美味で、風にあてたり水につけたりすると不味くなる、皮のまま煮るのが最上だと言う。この料理法は、今でも受け継がれている。

三　竹の神秘的な霊力

記紀神話と櫛の呪力

先史時代から、《竹》は神秘的な霊力を内に秘めた植物とみなされていた。記紀神話においても、竹の呪力にまつわる話がいくつも出てくる。『古事記』の上巻では、「櫛」の呪力にまつわる話が三つも出てくる。

イザナギが黄泉国《よみのくに》を訪れたとき、左の角髪《みずら》に挿していた櫛の男柱《おばしら》を一つ欠き取って火をともした。男柱は櫛の両端にある太い二本の歯である。本当に櫛に火がつくのか、これは神話特有の作り話だろうと思う読者も多いだろう。ところが、これは大いにありうる話なのだ。

弥生時代や古墳時代の櫛は、竹製が多かった。竹ヒゴを中心で折り曲げ、両端の太い男柱を歯として、半円形の基部を漆で固めた堅櫛《たてぐし》である。油分の多い竹の火力は強い。火つきもよいので竹櫛は燃えやすい。熱量で言えば、マダケの熱量はカシやクヌギの一・五倍もある。

そのイザナギを追い出すために、イザナミが黄泉醜女《よもつしこめ》をつかわした。黄泉国に充満している穢れを神格化したのが彼女である。必死に逃げるイザナギは、今度は右の角髪に挿していた櫛を投げた。その櫛の落ちた所に笋《たかんな》ができた。「笋」は筍の古名である。その筍を黄泉醜女が食べている間に、イザナギはなんとか逃げのびた。その櫛は「湯津津間櫛《ゆつつまぐし》」とあるが、湯津は「斎《ゆ》つ」であって神聖な櫛をさす。

次に、スサノオノミコトが出雲国でヤマタノオロチを退治する時に、やはり「櫛」の呪力にまつわる話が出てくる。大蛇に食べられようとしているクシナダヒメを櫛に化けさせて、それを頭に挿して闘うのである。ついでに言っておくと、クシナダヒメは国津神オオヤマツミの孫で、スサノオに救われてその妻となった。

呪物としての竹笹

有名なアメノウズメの神懸《がか》りの条にも「笹」が出てくる。小竹葉を手にして槽の上で踏み轟かし、胸乳と陰部を出して神懸りに入る。女陰を露出する行為は、邪気を祓い、万物の豊饟《ほうじょう》を祈願する呪術である。手にした笹は、神霊がそこにとり付く依代《よりしろ》である。前章でみたように、中世の猿楽能や近世の歌舞伎でも、呪物的な採物《とりもの》として笹葉がしばしば用いられた。

神を招くために葉つきの生竹を立て、注連縄《しめなわ》を張り回して清浄な神座をつくる習俗は古くからあった。今日でも起工式などで行われている。そこは神の降臨する聖域、つまり、俗界に生きる者がみだりに立ち入れない結界《けっかい》を意味した。竹で聖域を囲うのは、東南アジアの照葉樹林帯から、熱帯太平洋の諸島にかけて、今日でも広くみられる民俗である。

インドネシアのバリ島のバリ・アガと呼ばれる先住民族は、バリ・ヒンドゥー教が支配する社会との交渉を絶って、長い間山深い里に隠れ住んでいた。アニミズムの世界に生きてきた彼らは、今でも風葬を行う。遺体を土に埋めないで、神秘的な青色の水をたたえる火山湖の岸で空気に曝《さら》して自然に大地に還すのだ。芳香《ほうこう》を発する大樹の下におかれた遺体は、きれいに小割りされた竹で囲まれている。もちろん、この竹も結界の徴《しる》しである。

バリ・アガの風葬の墓地

「七夕祭」や「エビス祭」に用いられる笹もやはり呪物であって、神々を迎え祭り神霊の加護《かご》を得るためである。祝祭の御馳走である鮨《すし》や刺身にも、笹の細工切りを添えた。おめでたい時に食べる食物を笹で包むのは、その霊力で清めるためであるが、それなりに科学的根拠があった。笹の葉に殺菌力があることは、古くから知られていたのである。また、今ではもう廃れてしまったが、葬式の棺を笹で囲む慣習が各地にあった。この笹も、死霊を清めるための呪物であった。

「左義長《さぎちょう》」は、小正月の火祭りである。その語源も起源も諸説あってはっきりしないが、室町時代には行われていた。三本の竹を組んで、正月の松飾りや注連縄などを村境や辻に集めて焼くのだが、「どんど焼き」とも言った。爆竹音の大きい年は良い年とされ、心竹の燃え倒れる方向でその年の吉凶を占った。また、残りの灰を体になすりつけるとその年は無病息災いわれ、私などの世代にとっては懐かしい年中行事であった。中国から九州にかけては、子供仲間の行事として、まだその習俗が残っている。

二月堂の「お水取り」で知られている東大寺の修二会《しゅにえ》は、天下太平・五穀豊穣《ごこくほうじょう》を祈る法要で、一二〇〇年の歴史がある。そこで焚かれる有名な大松明は、直径一二センチの根つきのマダケに限られている。木を束ねた普通の松明ならば、あれほどの物凄い迫力は出ない。巨大なタケの火力で、人間の煩悩《ぼんのう》や罪障《ざいしょう》を焼き払うのだ。

アニミズムと竹の霊力

すでにみたように、太古の時代では、不思議な霊力のある植物としてタケが目に映った。だが、それはあながち荒唐無稽《こうとうむけい》の妄信ではなく、それなりに根拠があった。《竹》に潜んでいる神秘的な霊力のかなりの部分が、今日では科学的に究明され、その実体が明らかにされている。

原始の時代から古代にかけて、ヒトの抱いていた宇宙観・世界観の大きい部分を占めていたのは呪術的思考である。それを近代科学や合理主義の思想からすべて裁断して宗教以前の愚昧な思考という烙印を押してしまったのでは、その時代に生きたヒトたちの精神世界のあり方や思考の本質を探りあてることはできない。

万物に精霊の存在を認め、その働きによってこの世界が動いているとみたアニミズムの時代にあって、なにゆえに人びとはタケに神秘的な霊力を認めたのであろうか。科学技術万能の時代に生きる現代人の想像力の及ぶところではないが、おそらく次のようなタケの特性がその霊力の根拠とされたのではなかろうか。

（一）**竹の異常な生長力**――タケは地上に筍として頭を出してから、約三カ月で一人前の成竹になる。タケから産まれたかぐや姫が、一人前の娘に成長するのも三カ月であった。

タケのどの節間も、昼も夜も休むことなく生長を続け、一日で八〇～一〇〇センチも伸びる。こんな速いスピードで生長する植物はほかにはない。

一夜にして丈がぐーんと伸びた筍を初めて目撃した昔の人は、さぞたまげたことであろう。しかもその筍は男根に似ている。その旺盛な生長力を、強い生殖力と重ねあわせて捉えたのではないか。その異常な生長ぶりに、その内部に何か特別な霊力が宿っていると考えたに違いない。春先に頭をすこし出していたあのやわらかで小さな筍が、夏前には青々と茂った立派な成竹になる。これはまさしく神業であって、〈凡草衆木〉のなしうる業ではない。

（二）**竹の空洞は霊的空間**――タケが他の植物と決定的に違うところは、稈に「節」があって、節と節との間に「空洞」があることだろう。昔の人びとがまず着目したのは、この不思議な空洞であった。空洞は、いろんな容れ物として用いることができる。

ところで、その空洞は、物が入ってこもることができる空間である。精霊崇拝のアニミズムの時代にあっては、事あるごとに特別に清浄な空間に入って物忌《ものいみ》をせねばならなかった。タケの空洞は、そこに籠《こも》って新しい霊魂を身につけるのにふさわしい空間である。籠るということは、そのような呪術的な意味を持っていた。

タケの空洞はまた、新しい胎児《たいじ》を宿す「子宮」のイメージで捉えられた。タケの空洞から美しいかぐや姫が誕生した物語も、そのように考えれば全く出任《でまか》せではなかった。ちなみに空洞の中の酸素は空気より少なく、炭酸ガスは空気よりかなり多いが、窒素はほぼ同じである。

(三) 竹の永生的な生命力――一本一本のタケの寿命は、およそ一五〜二〇年である。土中の地下茎の寿命は約一〇年だ。しかし、寿命が尽きても、繁殖器官である地下茎が毎年伸びて次々に若タケを生育させる。人間社会と同じように、世代交替はちゃんと行われているのだ。

マダケのような温帯系のタケは、初夏から晩秋にかけて地下茎が伸びる。地下茎の生長がストップすると、土中で新芽がふくらみ始める。それが春先には、筍となって地上に頭をもたげ、やがて若タケになる。つまり、地下茎は夏と秋、若タケは冬から春にかけて生長する。このように地下茎と若タケとが、代わる代わる休みなく生長する。

個々のタケに寿命がきても、竹林の生命は途切れることなく続く。問題は、全竹林がすべて枯死すると言われている「一斉開花」である。どのようにして、タケの生命は途切れることなく続いていくのか。

(四) 神秘的な一斉開花――タケ・ササ類の大開花は、まさに神秘的な「世紀の大ドラマ」である。それを目撃した人は数少ない。開花の周期は一二〇年と推定されているが、開花の理由については諸説があり、世界一を誇る日本の竹学でもその真因はまだ突き止めていない。

タケの寿命は、一五年～二〇年である。一、二年生が「幼少竹」、三、四年生が「青年竹」、五、六年生は「成年竹」、それ以上は「老年竹」となる。ところが、開花時期がやってくると、年齢に関係なくすべて枯れてしまう。昔から一斉開花があると、〈天変地異《てんぺんちい》〉の前触れだ、あるいは大豊作間違いなしと言い伝えられてきた。

ササの一斉開花を題材とした作品に、開高健の『パニック』（一九五七年）がある。よく調べられた小説で、「きっちり一二〇年ぶり」に、小さな山麓の町でも「因果律《いんがりつ》の歯車は正確にまわった」のである。花が咲いたササはたくさん実をつけるが、その実は小麦と同じ程度の栄養価があり、昔から救荒《きゅうこう》植物の一つとされてきた。ところが、その実を目がけて野ネズミの大群が押し寄せてきて、町中が時ならぬ大騒動に巻き込まれるという筋書きである。

たいていのタケは、花が咲くと枯れてしまう。花が咲いてもほとんど種子ができないので、そのままでは子孫が絶えてしまう。だが、開花しても地下茎だけは数年間は生きている。この地下茎が、神秘的な新生のカギを握っている。そこからまず再生竹が生えてくる。これもまた開花して枯死するが、その前にその根元から新しい地下茎が伸びてきて、開花しない「新生竹」が生えてくる。数年もたつと、新しい若タケの竹林に再生する。かくして竹林は、永遠の生命力を持つことになる。このような仕組みが解明されたのも、現代に入ってからだ。

（五）竹林の強靭な地盤と神業的葉変り――竹林は、網のように地下茎を張りめぐらし、縦横無尽に伸びた根で土をしっかり摑んでいる。土中に広く深い基盤を築いているので、大雨が降っても表土は流されない。地震で大地が揺れ動いても、ここだけはびくともしない。一本立ちの樹木では、いくら根が深くてもこうはいかない。

したがって、山崩れ・水害・地震にすこぶる強い。タケの稈はパイプ状で節があるから、他の植物にみられぬ弾力性がある。一本一本のタケがしなやかさと強さを兼ねそなえ、台風や豪雪にも耐えられる。まさにタケ・ササは、〈天変地異〉の際にはまことにありがたい植物である。

タケの葉変りのたくみさは、これまた神業に近い。落葉期と新緑期がうまく重なるので、端境期《はざかいき》が目立たない。したがって、いつも青々としている。だから、タケは常緑であると思い込んでいる人も少なくない。春先の紅葉を「竹の秋」と呼ぶが、これは陰暦三月の異名であって春の季語になっている。ちなみに「竹の春」は、タケの新葉が茂る時期、すなわち陰暦八月の異名であって、秋の季語になっている。いずれも私たちの常識である春・秋の季節と、全く逆になっているところが面白い。この点でもタケは異能《いのう》の植物である。

(六) **竹の精力**――タケにはいろんな薬用成分が含まれている。古くからタケの稈・葉・根・芽は漢方薬や精力剤として用いられてきた。葉芽は殺菌力があって防腐効果がある。タケの皮もしかりである。古代人はいちはやくタケ・ササ類の効能や薬効を知って利用していたのだ。

明治維新後に、西洋医学に押されて「今日デハ研究ノ価値ナキモノ」とされている漢方医学の見直しを意図した大著がある(小泉栄次郎編『和漢薬考』)。古今の漢方薬を集大成したその増訂版では、実に三三〇種の漢方薬が、産地・基本・形態・成分・効能・処方に分類して記載されているが、竹に関わる薬は、「竹茹《ちくじょ》」と「竹瀝《ちくれき》」だけである。中国から伝わった「竹節人参」も有名だが、これは深山に自生する人参である。

「竹茹」はハチクの内皮を薄く削った白屑で、それを煎《せん》じて飲む。肺病や吐血に効いた。「竹瀝」は、ハチクの若タケを火にあぶると出てくる液汁である。生姜汁とまぜて飲むが、中風など万病に効いた。竹の薬用成分としては、蛋白質、炭水化物、ビタミン類、アミノ酸などが含まれている。筍には栄養素がないと言われてきたがこれはウソであって、脂肪過多の現代人には推奨すべき食物である。筍は繊維が多いから、胃腸の調子を整える妙薬でもある。

現在では、残念ながら竹の生薬《しょうやく》は漢方製剤としては用いられていない。何事も速効性が要求される現代にあっては、タケ・ササに世話にならなくても、よく効く薬がごまんとあるからだろう。中国の古代医療では、いくら飲んでも無害で「不老長寿」の薬効ある物を上薬と称した。これらいずれも効き目がゆるやかで速効性のある薬ではない。

第四章

日本神話と先住民族・隼人

高千穂の峰

一　記紀神話と竹の呪力

記紀神話の政治的性格

日本の神話は、七世紀に天武天皇の命によって編纂が始められた『古事記』と『日本書紀』、そして地方の古い伝承を断片的に伝える『風土記』によって、そのあらましを知ることができる。

よく知られているのは、『記』上巻、『紀』神代篇に出てくる「国産み神話」「国譲り神話」「天孫降臨神話」である。これらの一連の神話はまた、その舞台となる地名にちなんで「高天原《たかまがはら》神話」「出雲《いずも》神話」「日向《ひゅうが》神話」と呼ばれている。

ところでこれらの神話は、ヤマト王朝の支配の根源と王権の神聖性を明らかにするという、きわめて政治的な意図をもって創作された。もっとはっきり言えば、アマテラスを始祖としその正統な血筋をひく天皇家の系譜と、その子孫による国土経営の妥当性を明らかにすることが最大の目的であった。

この列島を征服するために天界から降臨した神々の武勇譚を軸とし、各地に伝わる説話伝説を随所に取り込んで、この神話体系は構成されている。地方の説話の多くは、この列島の先住民族の間で伝承されてきたのであるが、『記』『紀』の編纂に際して巧妙に王権神話の中に取り込まれたのである。

記紀神話は、太陽と月、天と地、陸と海、陽と陰、浄と穢《じょうえ》、男と女といった、ユーラシア大陸から東南アジアの島々に広がっていた二項対立的な宇宙観《コスモロジー》を背景においている。そして、〈天津神《あまつかみ》〉系と

〈国津神《くにつかみ》〉系とのせめぎあいの物語として展開される。

もちろん、天に坐《いま》した天津神々が、すでに土着していた国津神々を討って服従させたのである。ここでも〈天と地〉という二項対立の構図がはっきりと描き出され、それがそのまま〈支配—被支配〉の関係を表している。

神々の坐す世界は、《高天原—葦原中国《あしはらのなかつくに》—根国《ねのくに》・黄泉国《よみのくに》》、すなわち、《天上—地上—地下・地底》という垂直的な三層世界である。それはまた、《聖—俗—穢》という、神聖な王権を頂点として三段階に分けられる現世の分類概念に対応していた。

〈天津神〉系の神々は、天界から降下して葦原中国の統治者たるにふさわしい武威《ぶい》と威信《いしん》をそなえているように描かれている。これらの神々は、皇祖アマテラスの子孫である「天孫」を守護する神々である。天降《あまくだ》ってからは、天皇家に忠実な官人集団の氏神となる。

他方、〈国津神〉系の神々は、天孫の降臨以前からこの葦原中国に住んでいた神々である。分かりやすく言えば、縄文人や弥生人の末裔《まつえい》として、各地で先史時代の小国家を形成していた先住民族系の神々である。

国津神系は、オオヤマツミ、ワタツミに代表されるように、地方の土俗信仰と深く結びついていた。ヤマは山、ワタは海、ミは神霊の意であるから、山の神・海の神を意味した。これらの地方に坐す神々は、山の神、海の神、火の神、水の神、木の神といった自然神の性格を色濃く残しながら、各地に群居していた諸部族の祖神として崇められてきたのであった。

〈王化〉に染《したが》わない先住の大勢力

さて、天界では、アマテラスの孫ホノニニギノミコトを高天原から葦原中国に天降ろすことにした。

その頃、地上界では、〈荒ぶる国津神〉が跳梁していた。

このことは、天孫族が侵攻してくる以前の日本列島が、アジアの各地から渡ってきた先住民族の土地であったことを意味している。特に出雲地方を中心に、オオクニヌシを頭目とする国津神系の大勢力があった。また、九州などの各地方には、山の神オオヤマツミ、海の神ワタツミを奉じる大集団がいた。

すでにみたように、縄文時代においては、先住民族・蝦夷《えみし》の先祖の地、東日本が、この列島の文化的先進地域であった。縄文時代以来の固有の民俗や文化の豊かな蓄積が、当然あったはずである。だが、最後まで自分たちの生活の境域と伝統文化を守って、天皇王権に抵抗した蝦夷に伝わる説話伝承は、記紀神話から完全に排除されていたのである。

もっとはっきり言えば、蝦夷たちの奉じた神々は〈国津神〉としては遇されなかったのだ。『紀』の景行天皇紀の日本武尊《やまとたけるのみこと》の条にあるように、「往古《いにしえ》より以来《このかた》、未だ王化《みおもぶけ》に染《したが》はず」とされた蝦夷は、まさに「凶《あ》しき首《ひとども》」であって、彼らの神々を天皇家の神話の中に入れることなどは到底考えられないことであった。

北の蝦夷や南の熊襲《くまそ》など先住民族に対するヤマト王朝の対応をみると、『記』よりも『紀』に国家の政治的方針がはっきりと投影されている。両者に出てくるヤマトタケルの先住民征討物語を比較すれば、その違いは明白である。

国津神系に対しても、『紀』は初めから蔑視《べっし》観を隠さない。たんに上から見下すだけではなくて、猛々《たけだけ》しい蛮族としてさげすんでいるのだ。すなわち『紀』の「神代」下の冒頭では、これらの先住していた国津神系を「蛍火が光るように、またハエのようにうるさい邪《あ》しき神」（「蛍火《ほたるびの》光神《かかやくかみ》及蠅声《さばえなす》邪神《あしきかみ》」）と描写している。それどころか、「葦原中国の邪《あ》しき鬼《もの》」とまで言っている。

興味深いのは、その当時の列島について、「復草木《またくさき》咸《ことごとく》に能《よ》く言語《ものいうこと》あり」と述べていることだ。この列島では、草木にも精霊が潜んでいてそれぞれ物を言って脅かしていると言うのだ。いかにもアニミズムの時代らしい描写であるが、先住民族の土地にはいたる所に物の怪《け》が潜んでいると言いたかったのであろう。

『紀』は諸氏や各地に伝わる説話伝承なども詳しく参照し、それらの諸説異伝も「一書《あるふみ》に曰《いわ》く」として本文と並べて注記している。その神代下の第一の一書では、国津神系をやはり「暴悪な邪神」（「残賊強暴《ちはやぶる》横悪《あしき》之神者《かみども》」）と最大級の悪罵《あくば》で呼んでいる。武力にまさった天津神系の侵攻に対して、非力な国津神系が果敢《かかん》に応戦して、侵攻軍をてこずらしたのであろう。

天界から使者を三回派遣して、これらの荒ぶる神々の征討に乗り出したが、オオクニヌシを頭目とする国津神たちは結局は国譲りを誓う。出雲を舞台として展開されるこの「国譲り神話」が、「天孫降臨神話」の序曲となっている。

野間岬

天孫降臨と日向国

国譲りを誓わせたアマテラスは、「此《こ》の豊葦原の瑞穂の国は、汝の知らさむ国なり」との神勅を下し、三種の神器を与え、五神を従わせて孫のホノニニギを天降らせた。ニニギは、神霊のこもっている「真床追衾《まとこおうふすま》」にくるまって、地上に降り立った。そこは日向《ひむか》の襲《そ》の高千穂峯《たかちほのたけ》であった。

『記』によれば、地上に降り立ったニニギは「此地者《ここは》韓国《からくに》に向い、笠沙《かささ》之《の》御前《みさき》に真来《まぎ》通り而《て》、朝日之《の》直《ただ》刺す国、夕日之日照る国なり。故《かれ》、此地《ここ》は甚《いと》吉《よ》き地《ところ》」とあたりを見回した。「韓国」は明らかに古代朝鮮の韓であって、天孫降臨の実際の経路を考えるうえで、重要な示唆となる発言である。この笠沙御前は、薩摩半島の阿多地方にある笠沙町の野間岬にあたる。

ここに出てくる「日向」は、かならずしも今日の宮崎県にあたる日向国をさしているわけではない。「朝日がまっすぐにさす国」とあるが、これは一種の神話的空間であって、太陽崇拝の儀礼がとり行われる聖地を「日向」と呼んだのであろう。高千穂は高く積み上げた稲穂積みをさし、それを依代《よりしろ》に穀霊《こくれい》が降臨したというのがこの神話の原型であろう。

そのような南九州の地に残る伝承が『記』『紀』にとりあげられると、実在の高千穂峰と結びつけられて特定の地名をさすようになった。地名としての日向は、早くは熊襲《くまそ》、後には隼人と呼ばれた先住民族が住んでいる九州南部一帯の呼称であった。八世紀初めにまず薩摩国が日向国から分立し、さらに大隅国が分かれた。つまり、日向・薩摩・大隅の三国をあわせて、古代初期には日向と称していたのである。

さて、《竹》にまつわる話は、「日向神話」の後段に多出する。そして竹の霊力は、いずれもオオヤマツミやワタツミ系の持つ呪力として語られる。天降った天津神系は、竹の霊力とは直接の関わりはないことも興味深い。

「日向神話」の後段は、《海幸彦・山幸彦説話》が中心となる。そして、薩摩半島の西南端部の阿多地方を主舞台として展開される。このあたりが、〈阿多隼人〉の故郷である。そして、この阿多地方の竹が、呪術にすぐれたオオヤマツミ・ワタツミ系の先住民族の呪的シンボルとして神話に出てくるのだ。

ニニギとサクヤヒメとの出会い

話を先に進めよう。ニニギが降り立った地は「膂宍《そしし》の空国《むなくに》」、すなわち、荒れ果てて痩せた土地であった。ニニギは山伝いに良い国を探し求めて、笠沙の岬まで辿り着いた。ニニギは、そこで「麗《うるわ》しき美人」に出会った。国津神オオヤマツミの娘で神阿多都姫《かむあたつひめ》、またの名は木花之佐久夜毗売《このはなのさくやひめ》。文字通り阿多の港に産まれ、木に美しい花がパッと咲いたような麗しい娘であった。ニニギは一目ぼれして同衾《どうきん》した。

ところが、一夜でヒメは懐妊した。あまりの早さに、ニニギは自分の子ではなくて国津神の子だろうと疑った。怒った姫は、「もし天孫の胤《たね》でなかったら、産まれる子は焼け死んでしまうでしょう」と言って、四面を土で塗りふさいだ産室にこもって火を放った。そして、立ちのぼる煙の中からホデリ、ホスセリ、ホオリの三子が無事に産まれた。

出産に際して火を焚く習俗は、インドシナ半島や南太平洋の島々の各地でみられたが、奄美大島などの南西諸島でも産婦に発汗させる慣習がずっと残っていた。スマトラ島でも、アチェ族は暖炉《だんろ》の上で身体を四四日間温める。バタック族は出産した母子を竹と木で造ったベッドの上に寝かせて下から絶えず火を燃やす。水が体内に溜まり過ぎるのを防ぐためと言われているが、やはり火の呪力でもって悪霊を近づけないためだろう。そういう習俗から考えても、この話は南方系海洋民の古俗が下敷きになっている。（清野謙次『インドネシアの民族医学』）

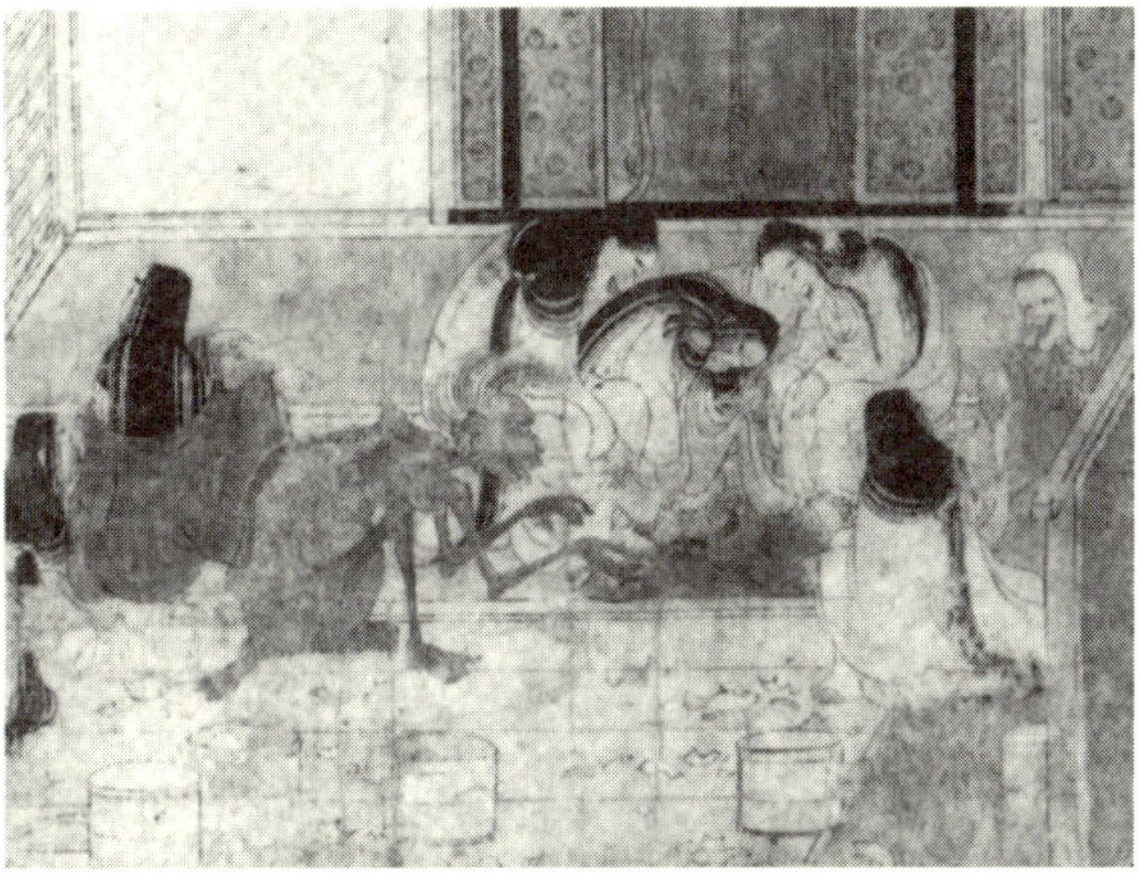
『餓鬼草紙』産屋の場面

『紀』の第三の一書では、サクヤヒメは三子を産む時に竹の刀で臍《へそ》の緒を切る。その棄てた竹の刀が、たちまち竹林になった。それでそこを竹屋《たかや》と呼ぶようになった。ほぼ同じ話が、薩摩国と推定される『風土記』逸文にあり、これは鎌倉時代の『塵袋』第六に収録されている。この逸文では、サクヤヒメは阿多郡の「竹屋守ガ女」になっている。竹屋守は、竹の多い村の長《おさ》であろう。「竹ヲカタナニツクリテ、臍ノ緒ヲキリ給ヒタリ」とあるが、この風習をうけついで、この地では今でも竹刀で臍の緒を切っていると言う。

時代は下って鎌倉時代になるが、一二世紀末の『餓鬼《がき》草紙《そうし》』の第二段に産屋《うぶや》の場面がある。産まれたばかりの嬰児の臍の緒を産婆が切ろうとしているが、その手に握っているのは竹篦《たけへら》、つまり竹刀である（河本家本『餓鬼草紙』）。この風習は近世に入っても続いていたようで、男子ならば雌竹、女子ならば雄竹で作った竹篦を用いた。

インドネシアやマレーシアでは、竹刀で臍の緒を切る慣習が昔からあった。小スンダ列島、スラウェシ、ボルネオ島の奥地では、今でもこの慣習が残っている。海洋民としてよく知られているスラウェシ島のブギス族は、臍の緒を切る際には、竹竿や竹梯子に作った古竹を割いて竹刀とした。わざわざ竹刀を用いるのは、産まれた子の将来を祝福するためであった。万物に霊魂の存在を認めるアニミズム、神霊の超自然的な力に頼るシャーマニズム――これらの呪術信仰が今なお色濃く残っている土地柄である。金属刀がないのでやむなく竹刀を使うのではない。金属刀は古い時代から入っている。にもかかわらず、竹の呪力を信じるがゆえに竹刀を用いたのだ。

二　海幸・山幸説話と先住民族・隼人
――ニニギとサクヤヒメ――

皇孫に服属を誓う隼人

さて、ニニギとサクヤヒメとの間に産まれた海幸彦と山幸彦であるが、この〈幸《さち》〉は霊力のある道具をさす。ここでは漁具と猟具である。ある時、兄神ホデリ（海幸）と弟神ホオリ（山幸）は、道具を交換してお互いにあまり行ったことのない山と海へ出かけた。結局は両者とも不首尾に終わったが、弟の山幸は兄から借りた釣鉤《つりばり》をなくしてしまった。困りはてた山幸は、自分の刀を潰《つぶ》して釣鉤を作り、「箕」一杯に盛って兄神に差し出した。だが海幸は怒って受け取らない。

『紀』の第一の一書《あるふみ》によると、悲しみに沈んで山幸が海辺でしょんぼりしていると、「塩土老翁《しおつちのおじ》」と名乗る老人が現れ、山幸になぜ嘆き悲しんでいるのかと訊ねた。塩土は、塩椎、塩筒とも書かれている。シオは潮、ツは格助詞、チは霊で、つまり「潮の霊」を意味する。このあたりの海洋民の、航海を掌《つかさど》るシャーマン的な長老であったと思われる。神武東征のくだりでも、この老翁が現れて東方に天業を営む良き地があることを教える。このことは、この地の海洋民が瀬戸内海を通って、早くから東方へ往来していたことを物語っている。

さて、山幸がその理由を述べると、老人は袋から「玄櫛《くろくし》」を取って大地に投げつけた。その櫛は、たちまち「五百筒竹林《いほつたかはら》」になった。老人はその竹を伐って、水が入らぬように堅く編んで目のつまった「無目籠《まなしかたま》」を作った。そして、山幸をその籠に入れて海に投げ込んだ。その籠にこもりながら、山幸は海神ワタツミの住む海神の宮へ行く。一説では、無目堅間《まなしかたま》の小船を作り、海の中に押し放ったとも言う。「かたま」は、竹で目を細かく編んだ籠である。

山幸は、龍宮のような「海神の宮《わたつみ》」で、海神の娘トヨタマヒメと結婚して三年の時を過ごす。ようやく鯛の喉にささっていた釣鉤を見つけ、それを手に入れて帰る。そして、海神からもらった「潮満瓊《しおみちのたま》」「潮涸瓊《しおひのたま》」という、海潮の干満を自由にできる二つの玉で海幸をやっつけてしまう。兄の海幸はますます貧しくなって、さらに荒い心を起こして山幸を攻めてくるが、山幸は不思議な呪力を持ったこの二つの玉で海幸を溺れさせてしまう。

海幸は、「私は今より後は、あなたの守護人となって昼も夜もお仕え致します」と言ってとうとう降参した。それゆえに、「今までもあの溺れた時のさまざまの仕草をして、おそばにお仕えしているのだ」と、『記』はこの物語を締めくくる。

このくだりは、先住民族の隼人がアマテラスの皇孫に服属を誓う場面であって、この物語のハイライト・シーンである。そのことは、この場面をさらに詳しく描写する第二の一書を読めば明らかになる。

「吾已に過《あやま》てり。今より以往《ゆくさき》は、吾が子孫の八十連屬《やそつづき》に恆《つね》に汝《いましみこと》の俳人《わざひと》と為らむ。一《ある》に云はく、狗人《いぬひと》といふ。請ふ、哀《かなし》びたまへ」とまうす。（中略）是に、兄、弟の神《あや》しき徳有すことを知りて、遂に其の弟に伏事《したが》ふ。是を以て、火酢芹命《ほのすせりのみこと》の苗裔《のち》、諸《もろもろ》の隼人等《はやひとたち》、今に至るまでに天皇の宮墻《みかき》の傍《もと》を離れずして、代《よよ》に吠《ほ》ゆる狗《いぬ》して奉事る者なり。

これから先は、わが子孫が末長くあなたの俳優――一説には狗の真似をする人――としてお仕えします、どうかあわれんで下さいと言って、全面降伏したのである。かくして、海幸の子孫である隼人が、今日まで天皇の宮殿の傍を離れずに、狗の吠える真似をして奉仕していると言うのだ。「吠ゆる狗」は、隼人の呪術の一つであった〈吠声《はいせい》〉をさす。犬の遠吠えに似た発声で邪神・悪鬼を払い、あたりを祓《はら》い清めるのだ。畿内に移住させられた隼人は、天皇の行幸の際にも行列の先頭を歩いて吠声をさせられたのだ。

隼人舞の起源

第四の一書では、「是に、兄、著犢鼻《たふさき》して、赭《そほに》を以て掌《たなうら》に塗りて、面《おもて》に塗りて、其の弟に告《もう》して曰《まう》さく、『吾、身を汚すこと此の如し。永《ひたぶる》に汝の俳優者《わざをきひと》たらむ』とまうす」とある。著犢鼻はふんどしで、赭は赤土である。いずれも南方系海洋民に伝わる習俗だ。「このようなぶざまな格好をして、永久にあなたにお仕えする俳優になりましょう」と誓ったのである。

このように海幸が海で溺れてもがいている様が戯画的に描かれているが、それが隼人舞の起源にほかならない。もちろん、天皇の前で演じられる〈隼人舞〉は、ヤマト王朝に降伏した先住民族の服属の儀礼として演じられたのであった。

戦前では、この《海幸彦・山幸彦》の物語は小学校のテキストに入っていた。絵本や物語本でもいろんな版が出回り、子供たちもよく知っている神話だった。どの本でも、無理難題で山幸を苛《いじ》める意地悪として、海幸は憎々しく描かれていた。当然、同情は海底に沈んでいった弟神の山幸に集まるが、その山幸の痛快な復讐譚として子供たちはこの物語を読んだのだ。

鹿児島県隼人町の隼人塚の石像

勝利者となった弟神の山幸はどうなったのか。後日譚のあらましを述べておくと、山幸の子を孕んでいたトヨタマヒメが子を産むために地上にやってくる。山幸が産室にいるヒメの姿を盗み見すると、八丈もある巨大なワニだった。姿を見られた恥ずかしさにヒメは海底に逃げ帰る。産み残した子は、『記』では天津《あまつ》日高《ひこ》日子《ひこ》波限《なぎさ》建《たけ》鵜《う》葺草《がや》葺不合命《ふきあえずのみこと》とべらぼうに長い名がついている。

この阿多地方では、海鵜《うみう》の羽で葺いた産室で子を産むと、強い霊力のある子が産まれるという伝承があったのだろう。それで産室を鵜の羽で葺くのだが、まだ葺きあがらぬうちに子を産んだのでウガヤフキアエズと命名したと第一の一書にある。鵜にまつわるこのような呪術的な古俗は、おそらく鵜飼が盛んであった中国江南地方から伝わったものだろう。第一章の吉野川のくだりでみたように、阿多隼人は、遠い他国に移されても鵜飼をやっていたのである。

このウガヤフキアエズは、のちに母の妹タマヨリヒメと結ばれて四子をもうける。その第四子がワケミケヌノミコトで、そのミコトが成人して神武天皇になる。ここで神代篇は終わる。そして勝利者・山幸は、神武天皇の祖父であって、天皇家の始祖であることが初めて明らかにされる。

この《海幸彦・山幸彦》の説話は、この地方に侵攻してきた〈天津神〉系の勢力が、このあたりの海人の勢力をまずその支配下においたことを示唆している。そして、海人の呪力を身に帯びることによって、頑強に抵抗する先住民族の隼人を征服したことを物語っている。討伐した先住民族の呪力を身につけて、征服者がより強力な霊力をそなえ、ついに全土を支配する王となる話は、どこの神話にもよく出てくる話である。

もともと隼人の世界には、太陽神のごとき〈日の御子〉が海の彼方からやってきて、ここで自分たちの始祖である女と結ばれて子孫を産んだ、そしてその子孫たちは海神の強い呪力を受け継いだ——そういう神裔《しんえい》伝説があったのではないか。ところが、隼人がヤマト王朝との戦いに敗れて天孫族に服属してからは、その〈日の御子〉はいつの間にかアマテラスの皇孫に摩《す》り替《か》えられてしまった。そして、彼らの間に伝わっていた神裔伝説は、天皇家の征服神話の一部に取り込まれていった。ただ、隼人の呪力に関する部分は古態がそのまま残ったので、そのような矛盾を残したまま記紀神話における隼人像が捩《ねじ》れた形で造形されてしまったのであろう。

三　隼人は南方系海洋民

日本人は「複雑な雑種」

第二章では、日向の古墳群で発見された大量の竹櫛について述べた。その発掘者は、鳥居龍蔵《とりいりゅうぞう》(一八七〇―一九五三)であった。その鳥居は、わが国の人類学・民族学の文字通りの先駆者であった。千島アイヌをはじめとするこの列島の先住民についての調査行は、日本民族学の第一頁を飾るにふさわしい開拓者的研究であった。その六十余年にわたる業績は、『鳥居龍蔵全集』によって読むことができる(全一二巻、別巻一、朝日新聞社)。彼は考古学・古代史学・比較文化史学・地誌学にも造詣が深く、今日的に言えば学際的研究の草分けであった。

隼人研究の先鞭《せんべん》をつけたのも、鳥居龍蔵であった。彼は北方に住むアイヌとともに、南方に住む辺境の海民にも深い関心を寄せていた。南九州から南西諸島にかけての調査も精力的に行った。そして、隼人の民族的源流は南方系海洋民であると、一九〇〇年頃にはいち早く指摘していた。マレー半島のあたりから数千年前に今日のインドネシアの諸島に渡り、今では南太平洋の辺境の島々に散在している古マレー系の海民が、隼人の始祖であろうと推定したのである。

そのような隼人源流説は、当時としてはきわめて大胆な仮説であった。以来、人類学のみならず、考古学・言語学・民族学・文献史学の領域での研究も積み重ねられた。その頃とは比較にならぬほど研究が深化した今日でも、大筋のところでは鳥居説が発展的に受け継がれ、隼人を南方系海洋民とする説はほぼ定着している。

P・F・シーボルトは、一九世紀初めの文化・文政時代に来日した。通算九年間も滞在して、歴史学・地誌学・博物学など広汎な分野にわたって日本研究を志した。

その大著『日本』（一八三二―五四）に記されているが、「日本民族はどこからやってきたのか」という問題について、本格的に思いをめぐらした最初の西洋人であった。彼は、アイヌの先祖がこの列島の石器時代人であると考えた。そして、中国大陸からの渡来人や北方モンゴル系の韃靼《だったん》人などの系統が、現在の日本人の源流であると推定した。いろんな資料や調査データが揃っていない当時にあっては、荒削りの類推にすぎなかったが、その洞察力は鋭かったと言わねばならない。

アイヌは日本列島の石器時代人の末裔なのかどうかをめぐって、明治初期に来日した次男のH・V・シーボルトとE・S・モースらの間で議論が巻き起こった。そして、日本民族源流論に大きな一石を投じたのが、ドイツ人医師E・V・ベルツ（一八四九―一九一三）であった。彼は、一八七六年に招かれて東京医学校（東京大学医学部の前身）の教師となった。内科学・生理学・病理学が専門であったが、ヒトの身体的特徴を比較研究する形質人類学にも通じ、『記』『紀』などの古文献も読みこなして、今日で言う「日本研究《ジャパノロジー》」の先駆けとなった。そして、来日後一〇年ほどたって、「日本人の起源とその人類学的要素」と題する興味深い論考を発表し、日本民族の源流として次の三つの系統を指摘したのである。

すなわち、㈠アイヌ――中部及び北日本の原住民であるが、現在の日本人の中で占める割合は少ない。㈡蒙古系種族――大陸から朝鮮を経由して本州の南西部に上陸し、ついで本州一円に広がった。㈢マレー人に似た蒙古系種族――南日本の九州に上陸し、ついで本州に渡って全国をしだいに征服していった。この種族はなお薩摩一帯に最も純粋なかたちで残っている。

もちろん、問題点も多いのだが、それはさておいて、ベルツのこのような日本人起源説が、日本民族形成史論の重要な礎石の一つになったことは間違いない。すなわち、アジアの東端に位置するこの列島は、いろんなモンゴロイド系の雑種交雑の坩堝《るつぼ》であることがしだいに明らかにされてきたのである。

さて、日本の人類学研究は、一八八六年に坪井正五郎ら東京大学理学部の人類学教室を中心に結成された「東京人類学会」を嚆矢《こうし》とする。以来、明治期前半はアイヌ問題を中心に日本人の起源論をめぐって活発な論議が展開されたが、ほとんどフィールドワークがなされていないのが実状だったから、決め手となるデータに欠け議論もどうどう回《めぐ》りの域を出なかった。

そのような情況を突き破って、彗星《すいせい》のように出現した新進の研究者が鳥居龍蔵であった。彼の強味は、まだ日本の人類学者がなしえなかったアジア各地でのフィールドワークを、幾多の苦難を乗り越えて、ほとんど独力でなしとげたところにあった。現地で得た資料をさまざまの学的視点から比較検討しながら、新しい構想のもとで日本人起源論を大胆に提示した。そして、彼の日本民族形成史論は、一九一〇年代にはその理論的骨格がほぼ出来上がっていた。

鳥居の独自性は、日本人の源流を六系統に分類したところにある。そして、それらの源流はしだいに融合しながら、「時代を経るにしたがって、雑種は更に複雑な雑種となり、今日の日本人を形成した」と指摘した。当時はまだ充分なデータが揃わず、科学的な計測法も確立していなかったので、荒削りの推論になっていることは否定できない。焼畑農耕文化や南方系海洋文化などの調査も不充分だったから、今日では明らかに間違っているところも少なくない。

日本民族の六源流とその形成史

鳥居の日本人六源流論は、その後における「日本民族形成史論」の基本的な枠組を開示する最初の大構想であった。彼は徳島市の生まれで貧しい家庭に育ち、小学校で学んだだけの独学であった。一七歳の時に、徳島にやってきた坪井正五郎に見いだされて東京人類学会に入り、やがて上京して東京大学人類学教室の標本整理係として雇われた。学歴も金銭もなかったので、研究生活においても人一倍苦労した。

やがて機会を得ると、当時の研究者が尻込みするような僻地《へきち》へも進んで出かけた。貧乏生活で鍛えられた根性が、大いに物を言う時がやってきたのだ。アジアの各地を歩き、その学説を体験的実証を基調にしてまとめた。正規の教育は受けておらず、ほとんど独力で彼はその学的構想を練り上げたのであった。

スラウェシのブギス族の子供たち、水上家屋の駄菓子屋で

さて、鳥居の源流説を私なりに大づかみにまとめると、次のような六系統になる。㈠日本全土に縄文文化を遺《のこ》した「この列島の先住民」アイヌ、㈡朝鮮半島から入ってきた国津神系の「固有日本人」、㈢南太平洋から北上してきたインドネシア系、㈣江南地方からインドシナ半島にかけて分布している苗族《びょうぞく》の北上、㈤北方から南下してきたツングース系騎馬民族、㈥朝鮮にいたがその植民地の瓦解《がかい》によって応神・仁徳朝の頃に「帰化」してきた漢人——このような六源流に分かれる。（鳥居龍蔵『有史以前の日本』）

鳥居は、日本の住民の主流を形成する固有日本人は〈国津神系〉であるとみていた。「朝鮮を経て北方民族が漸次渡来した」のであって、弥生式文化は彼らがもたらしたと推定した。金属器時代に入ると、もともとは同族であった〈天津神系〉が、やはり北方大陸から渡来する。この後来の天津神系がヤマト王朝を擁立したのだが、彼らの風俗は「アジア東北方の古風そのまま」であって、明らかに騎馬民族系である。したがって、記紀神話には東北アジアの「シャーマン教」の顕著な影響が認められ、《高天原―中津国―根国》という垂直的な三層世界にはシャーマン教の宇宙観がそのまま投影されていると断定した。（鳥居「我が原始時代の生活と文化」）

このように国津神系が「今日の日本人の主要部分」を占めているが、「其の次に位するのはインドネジアンである」。その系統は、スマトラ、ボルネオ、セレベス（スラウェシ）、フィリピン、台湾に分布しているが、その源流は原始的な馬来人（古マレー系）である。そして、この列島にやってくる途中で、南方アジアの「最も古い居住者であるネグリトー族」と混化してきたと思われ、その意味では広義のマレー族である。彼らは九州南部を本拠《ほんきょ》としていたが、その人数は少なかった。「彼《か》の古代史の隼人の如きは、頗《すこぶ》る此のインドネジアンの風習に似ている。」しかし、彼らがこの列島に辿り着いたのは、国津神系よりも後だったのではないかと鳥居は推定した。

南方系の隼人は、鳥居の考えたように北方系の国津神系よりも後にこの列島にやってきたのだろうか。ここはその問題に深入りする場ではないが、南九州では、明らかに隼人の故地とみなされている地方から、縄文時代の遺跡も数多く発掘されている。例えば阿多隼人の中心地とみなされている薩摩半島の金峰《きんぽう》町や加世田《かせだ》市には、縄文時代から弥生時代にわたる複合遺跡が数多く散在している。いずれも海岸線に近い。彼ら海洋民が、縄文末期には九州の南端で一大拠点を築いていたことは確かである。

天孫降臨神話と騎馬民族渡来説

今日では、弥生文化を形成したのは、江南地方を原郷とする〈倭人《わじん》〉であるとみる説が有力である。この倭人は鳥居説の㈣にあたる。中国の史書では、南方に住む諸種族を〈苗族〉と汎称《はんしょう》していたのである。

鳥居は〈国津神系〉を北方系と考えていたが、これは朝鮮半島からの何波にもわたる渡来人を念頭においていたからであろう。しかし、当時の朝鮮半島の住民は、北方系だけの単一民族であったとは言えないのではないか。

朝鮮半島南部に先住していた住民の中には、北九州に上陸した倭人と同じく、稲作文化をたずさえて中国大陸沿岸を北上してきた江南系も含まれていたのではないか。このことは、朝鮮半島南部と北九州の水田遺跡との比較検討からも言える。よく知られているように、両者は類似というよりも酷似しているところが多い。朝鮮半島からやってきた〈国津神〉系の中には、もともと江南系であった半島南部からの渡来人、つまり倭人系も含まれていたのではないか。

ヤマト王朝を樹立した〈天津神〉系の天孫族は、北方のツングース系騎馬民族であるとする説は、その後、すぐれた古代史学者である喜田貞吉《きたさだきち》（一八七一―一九三九）によって受け継がれた。そして第二次大戦後になると、新しく掘り起こされた文献資料や考古資料にもとづいて、江上波夫によってさらに精密に展開された。今日では江上波夫説が、三段階にわたる修正発展を経て〈騎馬民族国家〉論として集大成されるに至った。

これまで述べてきた《天孫降臨神話》の歴史的かつ政治的な性格をはっきりさせるうえで、この騎馬民族渡来説はきわめて重要な論点を提出している。ヤマト王朝形成史の根幹のところを明らかにする決定的な問題提起であった。そこで、江上説の骨格の一部を私なりにまとめて紹介しておこう。

三世紀頃、東北アジアの騎馬民族が南下を始め、朝鮮ではツングース系の夫余《ふよ》族が高句麗を建てた。この勢力はさらに南下して、馬韓《ばかん》（のちの百済）、辰韓《しんかん》（のちの新羅）、弁韓《べんかん》（のちの任那《みまな》・加羅《から》）などの韓人の小国家を支配下におき、半島南部に辰王朝という征服国家を建てた。

三世紀末から四世紀初頭にかけて、朝鮮半島から九州へ侵攻してきたのが辰王朝から出た北方系民族であった。そして、任那・対馬・壱岐・筑紫を基盤とした「韓倭連合王国」を建てる。これが第一段階の建国であるが、《天孫降臨神話》にはこの段階の史実が投影されている。

九州の倭人を支配下におくことに成功したこの勢力は、五世紀前半に瀬戸内海を通って東進を開始した。そして本州の各地に先住していた諸部族を順次征服して、五世紀の後半にはヤマト王朝を建国した。この第二次建国を物語るのが《神武天皇東征伝説》である。

このような「騎馬民族征服王朝」論は、記紀神話にもとづいた戦前からの皇国史観を根底から破砕《はさい》する衝撃力を潜めていた。津田左右吉に代表される戦前の古代史批判をはるかにこえる雄大な構想であった。「閉ざされた列島的視野」から出ることがなかったこれまでの日本国家成立史の、根本からの見直しを迫る壮大な歴史理論であった。鳥居龍蔵から喜田貞吉へ、さらに江上波夫へと発展的に継承されたこの画期的な理論体系の意義については、別に詳しく述べたのでここではこれ以上は立ち入らない。(沖浦『天皇の国・賤民の国』)

四　ヤマト王朝・隼人・竹細工

箕・櫛・籠の呪力

この列島の先住諸民族とヤマト王朝との関係、さらには隼人の民族的源流について、一言しておきたかったのでかなり寄り道をしてしまった。ここで再び竹に話を戻そう。

ところで、海岸でしょんぼりしていた山幸彦が、塩土老翁の助けによって海底のワタツミ宮へ行くあたりの叙述は、まさに《竹》づくしの観がある。もう一度このくだりを見直すと、まず「箕」が出てくる。箕には神霊が宿ると信じられていた。それで話がうまくはこぶように、山幸は自分で作った釣鉤を箕に入れて、海幸の許しを乞うた。ついで老翁の玄櫛《くろくし》が出てくる。漆を塗った竹製の「櫛」である。

老翁は、この「櫛」を地に投げた。その呪力で、たちまち竹林ができた。その竹で、船になる籠を作った。ここで、女の髪の毛と櫛が、古来から船乗りの間で船霊《ふなだま》として神聖視されてきたことを思い

一歳の誕生祝の光景（鹿児島市吉野町）

出してもよい。このような習俗は、今日でも瀬戸内海はじめ各地の海民に伝わっているが、古い時代からの海洋民の呪術信仰の名残りであろう。

老翁が即座に作った籠船に入って、山幸は海神の住む海底へ向かった。この「籠」も呪物である。籠に入ってワタツミ宮に向かうことは、籠の中にこもることを意味する。こもるは「籠る」である。参籠やお籠りという用法にあるように、精進潔斎《しょうじんけっさい》して物忌《ものいみ》することである。こもっている間に新しい霊力が身につき、心機一転して新生に入る——そういう呪術的な意味があった。

桃太郎のモモや瓜子姫のウリもそうだが、彼らはみなある容れ物にこもって漂着した。かぐや姫も、竹の筒にこもってこの世に現れた。ニニギノミコトが高天原から被ってきた真床追衾《まとこおうふすま》もそのような呪物であった。即位儀礼である大嘗祭で、新帝が真床追衾の中にこもるのも、新しい天皇霊を身につけるためであった。

「箕」や「籠」は、なぜ呪力があるとされたのだろうか。箕は両手で振り動かし風であおって糠《ぬか》や皮などをふるい分ける農具である。また穀類や豆類を入れる大事な容器ともなった。南九州では、八月十五夜祭の供物《そなえもの》は箕に載せた。誕生祝いには、その霊力にあやかるように、子供を箕の上に立たせた。「箕」は神に捧げる米を選び分ける道具であって、それを振っている間に霊力が付着するという説が昔からあった。あるいはまた、「箕」は中が窪《くぼ》んでいるから、そこに穀霊が宿ると考えられた。すなわち、神饌《しんせん》の容器であるところから、箕には呪力があるとされたのだろう。

特に西日本に、女性の受胎と結びついた〈箕信仰〉とでも呼ぶべき習俗がみられた。嫁入りの日に箕を嫁の頭上に戴《いただ》かす、あるいはまだ孕《はら》まぬ嫁に箕を贈る——このような習俗が九州を中心に各地に見られたが、箕を贈るのはその生産と豊饒の呪力を信じるからである。室町後期には演じられていたと思われる古い狂言に『箕被《みかずき》』がある。連歌にこって家に寄りつかぬ夫に愛想をつかした妻が家を出る。箕がとりもつ縁で別れた夫婦が再び結ばれるのだが、これも箕信仰から出た話であろう。

次のような実例も、やはり生殖・受胎と関わっている。九州の豊前では、夜漁を生業としている漁師夫婦が朝帰ってきて妻と同衾《どうきん》する際には、それと分かるように戸口に箕を立てる習慣があった（宮武省三『習俗雑記』）。同じ習俗が、鹿児島県や佐渡の漁村に伝わっているが、いずれも海民に関わっているところに注目したい。

それとよく似た民俗がインドネシアにもあった。インド洋のスマトラ島沖の孤島マンタウェイでは、高床式の家は狭くて見通しがよすぎるので、同衾はもっぱら森にしつらえた特定の場所で行われる。そこは村の夫婦者が共同で使用する。先に入っている者がいる時には、そこに通じる小路の入口に箕をブラ下げておく。もちろん、彼らも漁をする海民である。

天武朝と隼人

ところで、南九州の隼人を畿内周辺に移住させて、彼らに特別の役務を課したのは天武天皇であった。六七二年の壬申《じんしん》の乱に大海人皇子が勝利すると、飛鳥浄御原《あすかきよみはら》に即位して、矢継早に天皇制の強固な地固めに着手した。天皇の支配体制を内外に宣明するためには、どうしても〈化外《けがい》の民〉——東北の蝦夷と南九州の隼人——を征服して王化に浴させねばならなかった。

ヤマト王朝内部の支配体制が固まってくると、天武は辺境の地への探索《たんさく》を強め、〈化外の民〉の内属化が急速に推進された。多禰《たね》（種子島）、掖玖《やく》（屋久島）、阿麻弥《あまみ》（奄美大島）など南西諸島まで手を伸ばしたのも天武朝であった。すでに五世紀末から帰順した隼人の一部の畿内移住は行われていたようであるが、七世紀後半の天武朝に入ると隼人の集団的な強制移住が次々に実施された。『紀』においても、隼人に関する記事がにわかに多出するのは天武朝に入ってからである。隼人という呼称が朝廷で正式に採用されたのもその頃であろう。

『紀』の天武一一年（六八二）七月の条には、「隼人多く来り、万物《くにつもの》を貢す。是日、大隅隼人、阿多隼人と朝庭に相撲《すまい》す。大隅隼人勝つ」と記されている。また天武天皇の死に際しては、大隅と阿多の隼人が、魁師《ひとこのかみ》に率いられて殯宮《もがりのみや》の誄《しのびごと》にあたっている。誄は、貴人の死に際してその生前の功徳《くどく》などを霊前で述べる儀礼であるが、この場合も隼人の持つ呪力が活用されたのである。

律令体制が確立されると、畿内隼人は隼人司の支配下におかれた。養老律令の『職員令』第二八の「隼人司」の規定では、次のような職務が役として課せられている。

隼人司、正《かみ》一人。掌《つかさど》らむこと、隼人を検校《けんぎょう》せむこと、及び名帳のこと、歌舞教習せむこと、竹笠造り作らむこと。祐《すけ》一人。令史《りょうし》一人。使部《しぶ》十人。直丁《じきてい》一人。隼人。

朝廷に直属している隼人は、『隼人計帳』によれば、畿内ならびに近江・丹波・紀伊の諸国に配属されていた。それらの土地は、当時としてはいずれも山間僻地であった。おそらく、竹林の育成に適した土地だったのではないか。彼らは「竹笠」作りを強制されていたが、この竹笠は竹製品の代名詞であって、朝廷で用いる各種の竹器製造に従事させられていたのだろう。畿内隼人ゆかりの地を実際に見て回った井上辰雄、中村明蔵らの隼人研究の先駆的研究者は、いずれも移住地のまわりに今なお竹林の多いことを指摘されている。(井上辰雄『熊襲と隼人』、中村明蔵『熊襲・隼人の社会史的研究』)

第一章でみたように、大和国宇智郡阿陀郷は五条市の旧阿太町である。吉野川に沿った竹林の多い土地で、コノハナノサクヤヒメを祭神とする阿多比売神社がひっそりと鎮座している。

神社のすぐ前を吉野川が流れ、そのほとりに「姫火懸《ひめひかけ》の森」があって、ニニギとサクヤヒメが出会った土地と言い伝えられている。今では訪れる人もないその森に入ってみると、真中のあたりがすこし盛り上がっている。小さな古墳がここにあったように思える。

まわりには朽ちかけた広葉樹の巨木が数本聳え立っている。河原の石を砕いて敷きつめてあったのだろうか、小石があちこちに散乱している。神聖な境域であることを示す葺石《ふきいし》のようにも見えるが、いずれにしろ尋常一様の森ではない。

そのすぐ上流のあたりは「竹屋《たかや》垣内《かいと》」と呼ばれ、まわりはマダケとハチクの竹林である。サクヤヒメが三人の子を産む時に竹の刀で臍の緒を切るが、その捨てた竹の刀がそのまま竹林になったという伝承がここにも残っている。その竹林は、『風土記』逸文では薩摩半島阿多の「竹屋ノ村」であったが、ここでは「竹屋垣内」となっている。つまり、薩摩の阿多と全く同じ伝承がここに伝わっているのだ。

朝廷用の竹器製作

さて、律令体制が整備されてくると隼人司の職掌も複雑になり、畿内隼人に対する課役も一段と強化されてくる。『延喜式』の隼人司条に規定されている役務は次のようである。大隅隼人と阿多隼人から選ばれた左右の「大衣《おおきぬ》」を指導者として、「番上《ばんじょう》隼人」「今来《いまき》隼人」「白丁《はくちょう》隼人」「作手《つくて》隼人」などに分けてそれぞれ定員と役を定めている。

その役務は、具体的に言えば次の四つである。――㈠「元日即位及藩客人朝等」の儀式に参列する、㈡「践祚大嘗日」における吠声と歌舞上奏、㈢天皇の行幸・駕行に供奉し「国会及山川道路之曲」において吠声をなす、㈣油絹と竹器の製作にあたる。

〈吠声〉が邪神・悪鬼を払うための呪術であることは前節でみたが、この歌舞はもちろん〈隼人舞〉をさしている。この㈠から㈢までは、明らかに天皇の「守護人」としての役務である。いずれも先にみた「天皇の宮墻《みかき》の傍《もと》を離れず」、「恆《つね》に汝の俳人」として、「代《よ》に吠ゆる狗《いぬ》」として仕え奉るという《海幸・山幸説話》に出てくる服属の誓いをその通りに行っている。もちろん本当の話はその逆であって、帰順した隼人が強いられている役務に即して、例の有名な降伏の場面が捏造《ねつぞう》されたのである。

さて、隼人の竹器製作であるが、「大嘗祭」のために特別に作られる竹器と、毎年宮廷用に作られる「年料竹器」に分けられる。このような多岐にわたる隼人の竹器製作については小林行雄による先駆的な研究がある（小林行雄「隼人造籠考」）。油絹の詳細は不明だが、古くから「油」が聖別の観念を象徴する呪術儀礼に用いられたことと関係があるのかもしれない。

ここに定められている竹器は、熬笥《いりこ》（糯米《うるち》を熬《い》って乾飯をつくる籠）、煠籠《あぶりこ》（餅をあぶる竹器）、索餅《さくべい》を乾かす籠、籭《したみ》（目のない笊）など計一七四口が大嘗祭用である。索餅はむぎなわ、今流に言えばうどん、冷や麦である。いずれも神饌として捧げられる食物を作るのに用いられたのであろう。薫籠《たきもの》（衣服に香をたきこめるために用いる籠）、和紙を作る簀《す》、竹綾判帙《ちつ》（竹すだれの一種）などは年料竹器である。

これらの竹製品は、朝廷が用いた特別の竹器であった。いずれも高度な竹加工の技術を必要としたのではないか。どうみても庶民が普段に用いる日常的な竹器でない。そして、それらの竹材を生産するために、朝廷は国営の竹林を持っていた。

朝廷は、竹の名産地である南九州の隼人が、竹細工に関してすぐれた技能を持っていることを知っていたのである。竹器製作に隼人を用いたもう一つの理由は、隼人たちが身に帯びている呪力を重視したからだろう。隼人にまつわる竹の霊力については、記紀の編纂の仕事を通じて朝廷も知っていたのである。〈吠声〉と同じく、竹器もその呪力が活用されたのだ。

このように古くから伝えられてきた隼人の呪力について、特に注目したのは天武天皇ではないか。天武は、鎮護国家仏教とともに、神仙術に依る道教も重視した。そして、朝廷の神祇崇敬の基に伊勢神宮を据えた。それまでの「大君《おおきみ》」を改めて、万世一系の皇統にもとづく「天皇」を名乗った。そのように国家統治のイデオロギーとして諸宗教を活用しながら、天皇制の思想的な基礎固めをやった。

当時なお多くの民衆の心を捉えていたアニミズムやシャーマニズムにも目をつけた。宗教以前の邪信として切って捨てるのではなく、むしろそのような呪術信仰を国家儀礼の一部として組み入れていく方策をとったのではないか。そうすると、まず目についたのが隼人の呪力であった。「隼人司」という特別の機関が設置されたのは、たんに彼らを政治的に馴致《じゅんち》するためだけではなかった。地方の神話伝承を換骨奪胎して記紀神話に組み込むように命じたのは天武であろう。天皇即位礼としての「大嘗祭」を構想したのも、実にこの天武であった。

その意味で注目しなければならないのは、隼人の竹器が「大嘗祭」に供されていることであろう。〈隼人舞〉や〈国栖奏〉は服属の誓いとして上演されたが、隼人の竹器もまず大嘗祭に用いられたのだ。

ついでに言っておくと、抗戦を続けた北方の蝦夷の呪術的儀礼は一切取り入れられなかった。戦いに敗れた蝦夷は、俘囚として各地に配流されていた。天皇の権威を認めない〈化外の民〉の儀礼は、朝廷で用いられることは一切なかったのである。

第五章

『竹取物語』の源流考

竹伐りに出かける竹取翁（『竹取翁幷かぐや姫絵巻』）

一　物語の構想と構造

成立年未詳・原作者不明

さて前章では、記紀神話を中心に、有史以前から古代にいたるまでの〈竹の民俗と文化〉について述べてきた。だが、竹にまつわる話と言えば、何と言ってもやはり『竹取物語』である。もちろん、この場は、この高名な物語の文学的解釈や国語学的解析をやる場所ではない。当然のことながら、〈竹の民俗誌〉に関わる話に限定される。

『竹取物語』はわが国最初の仮名書き物語である。しかし、作者も成立年も未詳である。九世紀後半から一〇世紀初めの成立とみられ、以来千余年にわたって多くの人びとに愛読されてきた。紫式部は『源氏物語』の絵合《えあわせ》の巻で、「物語の出で来はじめの祖《おや》」と高く評価した。

ところで、わずかに残簡《ざんかん》のあるものを含めれば、この『竹取物語』の伝本は数多い。しかし、中世後期の写本はごくわずかで、鎌倉時代以前のものは未発見である。ほとんど近世の書写であるが、現在のところ最古の写本とされているのが武藤元信の旧蔵本で、天正二十年（一五九二）年の奥書がある。（『日本古典文学大系』9所収）

さて、「今は昔――」という名文句で始まるこの物語の冒頭の一節は、数多いわが国の物語文学の中でも特によく知られている。

いまは昔、竹取の翁といふ者有りけり。野山にまじりて竹を取りつつ、よろづの事に使ひけり。名をば、さかきの造《みやつこ》となむいひける。その竹の中に、もと光る竹なむ一筋《ひとすじ》ありける。あやしがりて寄りて見るに、筒《つつ》の中光りたり。それを見れば、三寸《ずん》ばかりなる人、いとうつくしうてゐたり。

この『竹取物語』については、近世の時代から数多くの研究者が注釈や見解を発表している。それだけでも厖大な資料集ができるだろう。近代に入ってからの新しい注釈・訳業で、私が特に注目するのは、一九三七年に発表された川端康成の現代語訳である。

川端はまず、本居宣長の門人で中古の物語の注釈に顕著な業績を残した田中大秀《たなかおおひで》（一七七七―一八四七）の『竹取翁物語解』をすぐれた研究書として紹介する。ついで近代の研究について一言するが、「着想も結構もすべて軽い滑稽で始終する」世態《せたい》小説とみた津田左右吉《つだそうきち》や、結局は「お伽噺《とぎばなし》である」と断じた和辻哲郎をかなりきびしく批判する。そして、自分は「立派な小説として見たい」と言う。（津田『文学に現はれたる我が国民思想の研究』、和辻『日本精神史研究』）

「この超自然な不自然なことを、作者は何の疑いもなく平気で堂々と平静に書いている。それは凡《おそ》らく古代人の太い神経のお陰であろう。」しかも「現代文の及ばない簡潔さ」である。その物語としての構想だけではなく、文体もまた「近代人をも充分に説得するだけの力を持っている。」結論として、「極端に言えば、この発端《ほったん》を読んだだけでも、その作者の腕はわかる」と大胆に言い切る。この物語への川端の思い入れは大変なもので、数ある現代語訳の中でも木目《きめ》細かな筆致は群を抜いている。（川端康成「竹取物語観賞」『現代語訳・竹取物語』）

竹の霊力の申し子かぐや姫の生誕

まず簡単にこの物語の荒筋をみておこう。ある日竹取の翁《おきな》は、いつも出かけている竹藪の竹の中から三寸ほどの〈小さ子〉を見つけた。たまたま子供のなかった翁夫婦は、その子を「竹籠」に入れて大事に育てた。ところが、三カ月で美しい娘に成長し、近所の大評判になった。それだけではない。竹藪に入ると、竹の節の間から黄金を見つけることが何度も続いた。貧しい竹伐りであった翁もたちまち長者となり、立派な屋敷に住むようになった。その娘は輝くばかりに美しく、家の中も隅々まで光が満ちているようであった。それで、「なよ竹のかぐや姫」と名づけられた。なよ竹は女竹《めだけ》である。細くてやわらかで弾力に富んでいるメダケは、しなやかで楚々《そそ》とした女性を形容する枕詞として、『万葉集』などにもよく出てくる。

ここまでが全篇の序章にあたる。姫が〈竹の霊力〉の申し子として生誕し、竹籠の中で美しい娘に成長したことがまず語られた。もう一つ注意しておきたいのは、《光》にまつわる描写がよく出てくることだ。これは、かぐや姫が月の光と関わっていることを暗示している。かぐや姫の「カグ」は光り輝く意で、「ヤ」はサクヤヒメのヤと同じく古代特有の命名法である。

美しいかぐや姫の噂を聞いて、「世界の男、貴《あて》なるも賤《いや》しきも」、姫を見にやってきた。真っ暗な夜でも、垣根に穴をあけて家の中を覗き込んだりした。家のまわりを徹夜でたむろする貴公子もいたが、かぐや姫は相手にする気配すら見せなかったので、いつしかその姿も見かけなくなった。

だが、かぐや姫に深く執心してなかなか諦め切れず、夜昼となく通ってきた貴人も何人かいた。それは、石つくりの皇子（石作皇子）、くらもちの皇子（車持皇子）、あべの右大臣（右大臣阿倍御主人《あべのみむらじ》）、大伴の大納言（大納言大伴御行《おおとものみゆき》）、いそのかみの中納言（中納言石上麻呂《いそのかみのまろ》）――この当代の「色好み」として知られている五人の貴公子であった。

彼らは、「かたちよし」と聞くと、すぐその女に逢いたがる人たちであった。それぞれが思い悩む心を歌に詠んでかぐや姫に送ったが、姫は返事もよこさない。ある時は翁を呼びだして姫を私に下さいと懇願《こんがん》したが、翁は「自分が産んだ子ではないから、思い通りにはならないのですよ」と体《てい》よく断りながら月日を過ごした。

ところで、この五人は、いずれも歴史上の実在の人物である。しかも国家権力の中枢を担っている中納言以上の高位者であった。一見して実在の人物とわかるモデルを配したのは、虚構《きょこう》の物語に真実味を加えようとする思い切った手法である。聞いたこともない架空の人物が登場するだけなら、ストーリーの展開も全くの絵《え》空事《そらごと》になってしまって、人びとの現実的な関心を持続させることはむつかしい。

五人の姫を思う心が深いのを見届けた竹取翁は、ある日、「自分の願いを聞いてくれないか」と姫に話しかけた。翁は、自分も七〇歳を越えたし、いつ死ぬかも分からない。一門が栄えるためにも、熱心に通ってくるあの貴人たちの誰かと結婚してくれないかと頼む。しかし姫は、どんな貴い身分であっても、深い志のある方でなければダメだと頑固に言い張る。それではその志を知るためにどうすればよいのかと翁が訊ねると、「私がどうしても見たいと思う物をここに持ってきて下さったら、御志が優れている方としてお仕えしましょう」と言う。

緻密に構成された求婚難題説話

このようにして、五人の貴人に次の物が割り当てられた。「仏の御石の鉢《はち》」、「蓬萊《ほうらい》の玉の枝」、「火鼠《ひねずみ》の皮衣《かわぎぬ》」、「龍《たつ》の頸《くび》の玉」、「燕《つばくらめ》の子安貝《こやすがい》」——この五つであった。

いずれもこの日本では手に入れにくい珍品で、どうみても無理難題である。「こんな難題を申し上げるわけにはいかない」と翁は渋ったが、姫は「なにもむつかしいことはないでしょう」と言い張る。五人の貴人は、その途方もない難題に驚き呆れてうんざりした。それでもなんとか姫を手に入れようと、みんな必死になって知恵をしぼった。

「石つくりの皇子」と「くらもちの皇子」は、いずれも謀略にたけ、計りごとの巧みな人物であった。奸計《かんけい》をめぐらして姫の目を偽物でごまかそうとしたが、結局その悪だくみがばれてしまった。特にくらもちの皇子の奸計は大がかりなものであって、結局はそれがばれて人前から姿を消さねばならなかった。

たくさんの財宝を持っている「あべの右大臣」は、唐の貿易商人に大金を渡してなんとかその品物を手に入れたが、偽物とは知らずそれを持参してかぐや姫の前で大恥をかいた。「大伴の大納言」と「いそのかみの中納言」は、いずれもあまり融通《ゆうずう》のきかない性格だったが、なんとか難題を実現しようと懸命に努力したものの愚鈍さのゆえに失敗してしまう。

この五人の失敗話は、それぞれ個性豊かに描き分けられている。奸計をめぐらす二人の皇子と、滑稽な失敗譚に終わる大納言・中納言の二人――これらの話は対照的に構成されているが、作者の精緻《せいち》な構想力がうかがわれる。身分の高い皇子ほど屈辱的な大恥をかくように話が構成されているのだ。

帝の御幸（『竹取翁幷かぐや姫絵巻』）

かぐや姫自身は、ただ五人の行為を見守っているだけで自分からはなんの動きも見せない。だが、たんなる傍観者ではない。姫は霊力を身に帯びた〈変化《へんげ》の人〉である。その不思議な呪力によって、五人の必死の努力がいずれも水泡に帰したことが暗示される。
帝《みかど》も、かぐや姫が比類なく美しい娘であることを聞かれて、姫をさしだすように翁に使いをさしむけた。だが、姫は、「帝の召してのたまはむこと、かしこしとも思はず」――天皇がお召し下さってもちっとも畏《おそれ》多くありがたいことだとは思いませんと、取り付く島もない。使いに立った内侍《ないし》が国王の仰せ言を承知しないでよいのかと脅かしたが、姫は、「国王の仰せ言に背《そむ》くとおっしゃるのなら、早く私を殺しておしまいなさい」とにべもない。

帝は翁を召されて、姫をさしだすならお前に位階を授けてやろうと仰せられた。喜んで家に帰った翁が姫にその旨を伝えると、私に無理やりに宮仕えさせるなら消え失せてしまいますとかたくなに拒む。諦め切れぬ帝は、御鷹狩りの御幸《みゆき》のふりをして竹取翁の家へ立ち寄るが、姫は帝の姿を見ると、「さっと影になりぬ」――急に影のように姿を隠してしまった。帝は宮廷に帰ってからもかぐや姫のことが忘れられず、悶々《もんもん》として日を過ごした。宮中の女たちも側に近づけず、姫に手紙を書いて憂《う》さをまぎらわす日々であった。

やがて三年が過ぎた。春の初めから、姫は月を眺めては心悩んでいる様子で、八月十五夜が近づいてくると、どうしたことか人目もはばからず泣くばかりである。翁が問い詰めると、「実は私は月の都の者で、前世の約束がありましたのでこの人間世界にやってきたのです」と言って、この八月十五夜の満月の日に、月の都から迎えがやってくると打ち明ける。翁は驚いて、姫を止めようと泣き騒いだが、どうすることもできないので、帝に頼んで月の都の人を迎え撃って捕らえようとした。帝は「六衛《ろくえ》の司《つかさ》あわせて二千人」の大軍を派遣し、月よりの使者を阻止せよと命じた。嫗《おんな》は塗籠の中に姫を入れて抱き、翁は籠の戸を閉めて戸口で番をした。

天の羽衣を着て月の都へ帰る

十五夜の満月の夜、一二時頃になるとあたりは昼よりもさらに明るく光りわたり、大空から天人が雲に乗って迎えにやってきた。二千人の武士は、身体が硬直してしまって、弓に矢をつがえることもできなかった。

天人たちは清らかな装束を身につけ、「飛ぶ車」を一台持ってきている。天人の王と覚しき人が、「月の都に住んでいた姫は、罪を犯したからこんなに賤《いや》しいお前の所にしばらくおいでになったのだ。だが、その罪の期限も消滅したから、月から迎えにきたのだ。泣いて悲しんでも仕方のないことだ」と竹取翁に言う。そして、「こんな穢《きたな》い所にどうして長く止まっていられましょうか」と姫に言うと、籠の戸が自然に開いて姫は外に出た。

「この年寄りを見捨てて月に帰られるなら、どうぞ一緒に連れて行って下さい」と、翁夫婦は嘆き悲しむ。かぐや姫もこれが今生《こんじょう》の別れと心が乱れたが、着ていた衣を脱いで、「これを形見と思って、月の出た夜は、私のことを思い出して下さい」と書きおいた。天人の持ってきた箱には〈天《あま》の羽衣《はごろも》〉が入っている。もう一つの箱には〈不死の薬〉が入っている。天人たちが姫に羽衣を着せようとしたが、姫はそれをおしとどめた。「天の羽衣を着てしまうと心変りがして天人の心になってしまいます。私はまだ、人の世界の住人として書き残さねばならぬことがあります」と言って、急いで帝に手紙を書き、最後に歌を一首添えた。

今はとて天の羽衣着るをりぞ　君をあはれと思ひいでける

姫は壺に入った不死の薬に添えて、手紙を使いに渡した。そして天の羽衣を着ると、百人ばかりの天人を連れてサッと昇天していった。

帝は姫が残した不死の薬をご覧になったが、何も召し上がらず歌舞音曲《かぶおんぎょく》も停止された。「どの山が天に近いのか」と問われて、「もう二度と姫に逢うこともできないのだから、不死の薬を貰っても何の役に立とうか」と歌に詠まれた。そして、多くの兵士たちを駿河《するが》の国の高い山に登らせて、不死の薬と姫の手紙を頂上で燃やすように命じた。

その山が富士の山である。その山の頂から立ち上る煙が、月の都にとどけとばかり雲の中へ立ち昇っている――そのように今もなお人びとは語り伝えている。

二　かぐや姫伝説の古層と新層

竹取物語の古層と新層

さて、「今ではもうはるかな昔のことになってしまったが――」と語りだされるこの物語は、《竹の精》が人の世に生まれ変わるという「化生《かせい》伝説」と、有名な「羽衣伝説」が古層にあって、そこへ新しく「難題求婚説話」が挿入されている。そういう二重構造になっている。

物語全体としても四〇〇字詰めで五〇枚程度でそう長くはない。川端康成が指摘したように、「その構造に於て長篇小説のような形をとっているが、やはりこれは短篇である。」各段別に分けてみると、次のように説話群から構成されていることがはっきりする。

一、かぐや姫の誕生（化生伝説）

二、竹取翁の長者譚（長者伝説）
三、五人の貴人の求婚（求婚難題説話）
四、帝の求婚譚
五、かぐや姫の昇天（羽衣伝説）
六、ふじの煙（富士縁起《えんぎ》説話）

この物語は以上のような伝説や説話から成り立っている。一、二、五の伝説の部分が、この物語の古層である。そこへ五人の貴人の求婚難題話と、帝のかぐや姫に対する執心《しゅうしん》話がつけ加えられて物語の新層となっている。帝の執心話は、一見したところ求婚難題説話の続編のように思えるが、それだけで独立した話として語られている。この帝の執心話をラブ・ストーリーとして解釈する見方もあるが、実際はもっと深い意味が隠されているのだ。

五人の貴公子は実在の名門貴族

さて、新層に属する求婚難題説話では、当時の教養人ならば一読してすぐそれと分かる人物たちがあいついで五人登場する。一応は仮名になっているが、その本名は実は簡単に分かるように仕組まれているのだ。

加納諸平《かのうもろひら》（一八〇六―五七）は、和歌山藩の史料編纂に尽力した江戸末期の国学者で文献考証の達人であった。彼はその『竹取物語考』で五人のモデルの実在性について詳しく調べた。そして、ここに登場する五人の貴人は、いずれも『日本書紀』持統天皇一〇年一〇月一七日の条に登場する実在の人物であることを明らかにした。この五人の貴人は、この物語ではその性格や人柄が誇張されて登場してくるが、いずれも六七二年の壬申《じんしん》の乱から天武・持統朝にかけて実際に活躍した貴族がモデルになっていると指摘した。このような、歴史の実相に一歩踏み込んだ加納諸平の指摘は、『竹取物語』が産み出された社会的背景と作者の思想的スタンスを考える上で、画期的な問題提起であった。

この物語の新層部分を考案した作者は、何のために五人の貴人の失敗話と帝の執心話をつけ加えたのか。もちろん、古くからの化生伝説や羽衣伝説の焼き直しをもくろんだわけではない。

私見によれば、どうやら天武・持統朝における貴族社会の実態の暴露が狙いであったように思われる。特に権勢を誇っていた五人の貴人たちを直接の標的としていることは、誰の目にも明らかである。彼らに対する揶揄《やゆ》と嘲笑に全篇の半分以上が費やされている。彼ら貴族たちの無定見で無責任な行動、その俗悪で浅薄な人間性が完膚なきまでに暴かれ、彼らの好色で狡猾《こうかつ》な本性が次々に丸裸《まるはだか》にされる。

五人の中で「心たばかりある人」、すなわち、詭弁《きべん》を弄《ろう》する謀略家《ぼうりゃくか》とされているのは車持皇子である。加納諸平のきわめて説得力ある考証によれば、このモデルは藤原不比等《ふひと》（六五九―七二〇）である。不比等の母は車持君国子《くるまもちのきみくにこ》であった。不比等は、文武朝における大宝律令の制定の際には刑部《おさかべ》親王を補佐し、やがて律令時代の大立者となった。実際は天皇家をも動かし、天下第一の権勢家となって藤原氏繁栄の基礎を築いたことは周知の通りである。

この不比等の娘の宮子が、文武天皇（六八三―七〇七）の夫人となる。文武天皇は、天武・持統の孫にあたる。文武と宮子との間に産まれた第一皇子の首皇子《おびとのみこ》が、後に聖武天皇となった。この『竹取物語』に登場する帝は、文武天皇であるという見解が有力である。二五歳で夭折《ようせつ》した文武のほかには、帝に比定すべき天皇が見当らないのである。

作者の鋭い目の及ぶところ、最高の権力者である天皇をも見逃しはしない。美女を追っかける様は、帝とても同じなのだ。神聖な衣を剝《は》げば、帝も凡人と選ぶところがない。ただし、かぐや姫は、帝には難問を出して困らせるような小細工はしない。頭から宮中への御召しを拒否しただけである。そして、帝からの歌に対して一応は歌を返すのだが、特別な情を抱くようになったわけではなく、心変りの動機らしいものは物語には全く出てこない。

川端康成も「御不敬呼ばわりの声も高い」ことを認めて、帝に対するかぐや姫の態度が不敬であるというよりは、「この小説の中に帝を御引き合いに出したということの方が不敬なのだ」と言っている。日本の三〇〇〇年の歴史の中で「これほど強い女」は現れなかったという和辻哲郎の発言を批判して、〈現実の女〉を考えるから不敬になるのであって、あくまで〈一つの象徴〉として捉えるべきだと言う。天皇制ファシズムのきなくさい臭いのたちこめている一九三七年に書いているのだから、かぐや姫の不敬をどう解釈するか川端も苦心したのだろう。

かぐや姫は昇天の際に、「君をあはれと思ひいでける」と帝に歌を書き遺《のこ》す。この「あわれ」は、慕わしい・いとおしいと解釈するのが一般的である。だが、気の毒だ・可哀そうだという意にもとれる。この物語では同音を利用して一語に複数の意味をもたせる掛《か》け詞《ことば》が多用されているが、この場合もそれにあたるのではないか。この歌をみても分かるように、五人の貴族とは違って、姫の帝に対する応接はかなり手加減されてはいるのだが――。

もしも帝が五人の貴人と全く同列に扱われて、徹底的に嘲笑と揶揄の対象にされていたならば、『竹取物語』はまさに不敬の書として、たぶん王朝文学のリストから消されていただろう。

貴族社会が痛烈に諷刺され、時の権勢家たちを虚仮《こけ》にしているこの作品は、王朝時代の所産としてはまことに異色である。物語の主舞台が王朝の宮廷ではなく、賤《いや》しい竹伐りの家であることも特筆すべき舞台設定である。

この物語の背景になっているのは天武・持統朝の貴族社会である。壬申の乱で近江朝を倒し、王権を簒奪《さんだつ》して皇位についた天武は、前章でみたように着々とその独裁体制を固めていった。天武・持統朝の隆盛に対してひそかに敵意を抱いていた不満分子は少なからずいたであろう。この物語の原作者は、一体誰だったのか。そういうところまで詮索する余裕はないが、時の宮廷貴族に不満を抱いていた知識人の一人だったのではないか。いや、今を時めく貴族だけではなく、ヤマト王朝に対してもなんらかの疑念を抱いていた人物ではなかったのか。

この物語の伝本は数多いが、たいていの本では竹取翁は「讃岐の造《さぬきのみやつこ》」となっている。この讃岐は、『倭名類聚鈔』における大和国広瀬郡散吉にあたるのではないかと説いたのは塚原鉄雄であった（『新修・竹取物語別記』）。散吉はサヌキと訓《よ》み、延喜式ではこの地に讃岐神社があり、現在は奈良県北葛城郡広陵町大字馬見字三吉《さんき》となっている。私も実際に歩いてみたが、持統・文武時代の都であった藤原京から約半日の距離だ。葛城の山麓にあるこの小寒村に、時勢から疎外《そがい》され、ヤマト王朝に睨《にら》まれていた原作者が隠れ住んでいたのかもしれぬ。

天皇制国家と〈夷人雑類〉

周縁にいた山民系や海民系を動かして武力革命で政権を奪った天武は、自らを漢の高祖に擬した。伊勢神宮を中心に神祇体制を整備し、即位礼として大嘗祭を創出し、『記』『紀』によって天孫降臨神話にもとづく皇統譜の作成を命じた。そして、天皇制の基礎を固めるために新政策を着々と実施した。わが国最初の「殺生《せっしょう》禁断《きんだん》令」を布告したのは天武四年（六七五）であった。〈貴・良・賤〉に区分された身分制度を制定し、中国の身分制にならって、律令制の礎石《そせき》となる新方針を打ち出したのも天武・持統朝であった。神聖なる王権を際立《きわだ》たせるためには、身分制の最底辺に、ツミ・ケガレを一身に背負わされた賤民の存在を制度化することがどうしても必要であった。

さらに強調しておかねばならないのは、天皇王権に最後まで果敢《かかん》に抵抗した蝦夷や隼人など、この列島の先住民族に対する抑圧と差別であった。彼らを王化に従わぬ〈夷人雑類《いじんぞうるい》〉と呼び、抵抗する者には徹底的な殲滅《せんめつ》作戦をとった。天武八年には薩南《さつなん》諸島にまで手をのばした。アマテラス以来の皇統をいただく天孫系の日本民族という『記』『紀』における歴史の偽造は、このようにしてまかり通るようになっていった。

かくして、縄文文化の系譜をひく彼ら先住民族の誇り高い固有の文化もしだいに潰滅《かいめつ》に追い込まれていった。そして、「皇《すめらぎ》は神にしませば……」（『万葉集』巻一九）といった歌が恭しく歌いだされるようになったのである。

そのような天武・持統朝のやり方に賛成できぬ批判分子であって、古来からの伝説や民間説話にも通じ、中国から新来した諸思想や諸文献にも明るい穎才《えいさい》が、この『竹取物語』の原作者であったと想定することができよう。古層の伝奇的浪漫的要素と、新層の社会的写実的要素が巧みに融合されている。このような重層構造を持つ物語にありがちな継ぎ目のほころびも、ほとんど目立たない。それだけにとどまらず、この世の出来事についても卓抜な社会認識の目を持っていた人物と言わねばなるまい。もちろん、この作者が、歴史に名を留めるような有名人であったかどうかということは、全く別問題だ。

随所にユーモアを交えながら、貴人たちの狡猾・愚鈍・権力欲が白日のもとに晒《さら》される。富と権力を占有している人びとに対するその鋭い筆先は、社会の深層に潜む真実に迫ろうとする気合いに溢れている。竹伐りという律令制社会の底辺に住む〈周辺の人《マージナル・マン》〉と、〈変化の人〉かぐや姫との組み合わせも、当時の王朝文学としては大胆きわまりない構想であった。

皇子の奸計といやしき工匠

藤原不比等に擬せられる車持皇子の奸計《かんけい》がばれる話は、難題説話の中の圧巻である。皇子は、最も無理難題と思われていた「蓬萊の玉の枝」を旅姿のまま翁の家へ持ち込んできた。難波の港を出て海上を漂流すること五〇〇日、苦難の航海の末になんとか蓬萊山に辿り着いた。その険しい山で、首尾よく「玉の枝」を手に入れた。帰りは追手の風が吹いて四〇〇日、昨日ようやく難波の港に帰り着いたと言う。

突然現れた「いやしき工匠」（『竹取翁幷かぐや姫絵巻』）

かぐや姫は、「玉の枝」を目の前にして、もはやこれまでと覚悟した。翁もいそいそと寝室を整え始めた。ところが、食う物も食わずに一〇〇〇日あまりも働いたのにまだ手当を貰っていないと、六人の「いやしき工匠《たくみ》」が突然そこへ現れた。それで蓬萊の玉の枝が贋作《がんさく》であることが分かった。このようにして、「あさましき空《そら》ごと」がばれてしまったので姫は助かった。

皇子は三年間も鍛冶工たちと同じ所に隠れて、ひそかに「玉の枝」を作らせていたのだ。姫は工人たちに褒美《ほうび》をたくさん取らせた。その帰途、皇子は血の流れるまで工人たちを打擲《ちょうちゃく》して、貰った褒美を全部捨てさせた。皇子は「一生の恥これに過ぐるあらじ」と、ただ一人で深山に入っていった。御供が手を分けて探したがついに見つからなかった。

ここに出てくる五人の貴人は、いずれも壬申の乱以来の功労者であり、天武・持統朝の名門貴族であった。『続日本紀《しょくにほんぎ》』の文武天皇大宝元年三月二一日の条によれば、この日新令（大宝令）にもとづいて官名と位号が改正されたのだが、彼らは揃って最高の官位に就いている。以下（ ）内は物語での登場名である。すなわち、丹比真人嶋《たじひのまひとしま》（石つくりの皇子）は左大臣で正二位、安倍御主人（あべの右大臣）は右大臣で従二位、石上麻呂（いそのかみの中納言）は大納言で正三位、藤原不比等（くらもちの皇子）は大納言でやはり正三位である。ただ大伴御行（大伴の大納言）の名が見えないが、彼はすでに同年一月一五日に死去している。その際、藤原不比等が遣《つか》わされて右大臣・正二位が追贈《ついぞう》されている。

五人の中では、この大宝元（七〇一）年の段階では不比等はまだ官位が一番低かった。ところがその後、不比等はとんとん拍子で出世したのだ。『竹取物語』では、五人は明らかに身分の高い順序に列挙されている。

この不比等がこっぴどく愚弄《ぐろう》され、なぶり者にされる「蓬萊の玉の枝」の話は、他の四話よりは長く、しかも念入りに語られている。おまけに最後は、赤恥をかいて人前から姿を消してしまうのだ。作者は、積年の怨みをここで晴らしているかのように思える。たぶん藤原氏に対して、なんらかの理由で深い怨恨《えんこん》を抱いていたのだろう。

三　竹細工に伝わる貧民致富譚

王朝貴族と貧しい庶民

王朝貴族だけが活躍する物語ならば、『竹取物語』はこれほど広い読者を得ることはできなかったのではないか。貴人の生き様を垣間見《かいま》たところで、庶民の貧しい生活には、なんの足しにもならなかった。その日暮らしの民にとっては、殿上人《てんじょうびと》は雲の上の存在であった。彼らは、貴人からは人間扱いされず、口さえもきいてもらえなかった。

しかし、竹取の翁にせよ、これらのいやしき工匠にせよ、いずれも庶民にとっては身近な存在であった。情感を通わせ、その心底が理解できる人たちであった。全篇を通じて、竹取の翁はあくまで脇役である。あまり表立たずに、物語の進行係として狂言《きょうげん》回しの役割を担っている。そしてこの翁には、貧しい庶民によく見られる素朴で実直な人柄が滲《にじ》み出ている。読者は、翁の目を通して貴人の世界を見ているのであって、したがって自分たちと同じ目線をそこに感じることができたのである。

このように、『竹取物語』では、底辺に生きる賤しい庶民が、貴族たちの向こうを張って登場してくる。だからこそ長い間、民衆の文学としても読まれてきたのだ。貴人同士の恋愛求婚話ならば、自分たちとは所詮《しょせん》無縁の世界として庶民は耳を傾けなかったに違いない。貴人がふられた相手が貧しい竹伐りの娘であったところから、この物語の読者層は一挙に広がったのだ。

かぐや姫は竹伐りを生業としている翁に育てられた。あとでみるように、竹伐りは、田畑も持たぬ貧しい賤民であった。かぐや姫が貴人の家で産まれ育ったならば、この物語はそもそも成り立たなかった。難題をふっかけて貴人の求婚を拒否することもないし、ましてや帝の求めがあれば喜んで参上しただろう。

つまり、この竹から産まれた〈小さ子〉を育て上げたのが貧しい竹取翁であったところに、この物語が成功した最大のポイントがあった。かぐや姫が本当に心を開くのは、竹取の翁だけである。姫が月の都に帰って行く際の、悲しい別れの場面もよく描かれてる。いかにも庶民らしい親子の細やかな愛情である。かぐや姫は、王朝貴族に対しては最後まで心を開くことはない。その本心は閉ざされたままだ。そこには、作者の心根がそのまま投影されている。

かぐや姫は《竹》の呪力を身につけている。後段になって、その呪力の背後には《月》の霊力があることが分かる。そのような呪力を背後に秘めているがゆえに、現世のいかなる権威をも否定し、帝のお召しをも拒否することができた。

帝は官位を餌にして、翁の心を動かそうとした。そのような権力を嵩《かさ》にきた帝の威圧的な態度は、姫が最も嫌うものだった。五人の貴人に対するよりも強い態度で、「国王の仰せ言を背かば、はや殺し給ひてよかし」と、死をも辞さない決意で断固として拒絶する。庶民にとっては、このくだりは実に痛快で、日頃の胸のつかえがとれて溜飲《りゅういん》がさがる場面であった。

また、八月十五夜に、姫を月世界に帰らせたところもすぐれた着想である。ここで《羽衣伝説》をもってこなかったならば、この物語は収拾がつかなくなってしまう。古くから民衆に親しまれてきた羽衣伝説をここにもってくることを思いついたのも、作者の非凡な着想である。

羽衣伝説と天人女房譚

《羽衣伝説》は有史以前から、この列島の各地に伝わっていた。『丹後国風土記』の奈具社《なぐのやしろ》、『近江国風土記』の伊香小江《いかごのおうみ》の条にみられるように、これらの伝説は天人女房説話として語り伝えられている。天からやってきた天女が地上の男と結ばれて子をもうける話であるが、相手が若い男なら、もちろん結婚譚となる。老人ならば、天女はその養女となる。かぐや姫が竹取翁の養女となる『竹取物語』は、この型に入る。

天人女房説話では、「三保松原《みほのまつばら》」説話が人口に膾炙《かいしゃ》しているが、たまたま沐浴している天女を見つけた男が、その羽衣を隠してしまう。天に帰れぬ天女は男の妻となるが、この結婚は悲しい破局を迎える。隠されていた羽衣を発見した天女は、無事に天上に帰って行く――これがよく知られた話の大筋である。その後日譚《ごじつたん》にはいろんなバリエーションがある。男が天女を追って昇天していく話や、天女が子供を連れ帰って男だけが取り残される悲話もある。年に一度、七月七日に天女と男が再会する話もある。

この天人女房説話では、「三保松原」にみられるように、海辺の水浴や男が漁民である話が多い。このことは、この説話が南方系海洋民によって語り継がれてきたことを示唆している。

「国産み神話」や「日向神話」が、インドネシアの諸島の古くから伝わった神話との関連が濃厚であることは以前から説かれてきた。《海幸彦・山幸彦説話》や《羽衣伝説》ときわめて類似した話がずっと伝わっている（大林太良編『日本神話の比較研究』）。私が南太平洋の島々で見聞した実例も一、二にとどまらない。スラウェシ、ボルネオ、バリ、スンバワ、スンバ、チモール——これらの諸島では、語り物、あるいは歌舞をともなう民俗芸能として今日に伝わり、村々の祭りでも盛んに演じられている。

ところで、『万葉集』巻十六にも竹取翁譚が出てくる。翁が九人の娘子と交わる話であるが、これは一種の神仙譚《しんせんたん》であって、『竹取物語』とは別系統の説話とみるべきであろう。ついでに触れておくと、新しく発掘されたチベット地方の『斑竹姑娘《はんちくこじょう》』が、ひと頃『竹取物語』の原形ではないかと喧伝された。五人の求婚譚もそっくり一致した説話である。大きく異なるのは、最後にはこの竹娘が竹を愛した貧しい少年と結ばれるところである。私はこの物語は、日本の『竹取物語』が向こうに伝わり、それを潤色して作られた新中国の物語だと考える。

天人女房説話は、天人と男との間に産まれた子供が、その土地の住民の開祖となる《始祖伝承》として語られる場合が多い。そして、その始祖の誕生譚が、異類婚姻《いるいこんいん》説話として語り伝えられることも少なくない。その出自の異常性によって、血統の尊厳性が語られるのだ。もちろん、その異類は、超人的な霊力を身にそなえたものでなければならない。モモから産まれた桃太郎やウリから産まれた瓜子姫に代表される〈小さ子〉譚も、このような異類婚姻譚を源流とする昔話である。

神の申し子は、なにか小さな容れ物に入って〈小さ子〉として出現するという信仰があったのだろう。これもアニミズム特有の呪術的思考であるが、小さな物に籠ってそこで霊力を身につけてこの地上世界に現れるのだ。記紀神話に出てくる少彦名神《すくなびこなのかみ》は、このような〈小さ子〉伝説の先蹤《せんしょう》であって、神聖なガガイモの小舟に乗って海の彼方から現れた。かぐや姫の誕生も、このような〈小さ子〉譚として語り伝えられてきたのである。ガガイモは、山野に自生する蔓《つる》性の多年草だ。

『近江国風土記』では、八人の天女が白鳥の姿でやってくる。最も若い天女が羽衣を盗まれて、一人だけ地上に残される。そして、羽衣を盗んだ男と結婚して四人の子をもうける。その子がその土地に住む伊香連《いかごのむらじ》の「先祖」となったという話である。ところがこの『竹取物語』では、かぐや姫は結局は求婚者の誰とも結ばれない。竹取の翁の養女となるのだから一応はその型を踏んでいるのだが、子孫を残すこともなく月の都に帰って行く。

すばらしい構想力・想像力の持ち主である原作者は、物語の幕切れも念入りに考えたに違いない。並々ならぬ美意識の持ち主である作者は、霊力のある《竹》からの誕生話を序章に《月》にまつわる伝説を終章においた。そして最後は、誰でも知っている霊力のある聖山《富士山》で見事に締めくくった。

延暦一九（八〇〇）年と貞観《じょうがん》六（八六四）年の大噴火のあとは、富士山はまだ小噴火を続けていた。頂上から白い煙が立ち昇っていたのだろう。誰でも知っている富士山に目をつけて、その縁起話を終章にすえた。そこに立ち昇る煙は、天女かぐや姫の住んでいる月までとどいている。つまり、富士の山は、この地上世界と月の世界を結ぶ夢の通い路である。

そのような幻想に読者を誘いながら、最後にもう一度現実に引き戻して、サッと幕を閉じる。「……その煙いまだ雲の中へ、立ち上るとぞ言い伝えたる。」――この物語は、はたして〈現《うつつ》〉なのか、〈幻《まぼろし》〉なのか。実にあざやかな幕切れである。

かぐや姫とサクヤヒメ

ところで、私の勝手な想像を言わせてもらうと、私には、このかぐや姫とコノハナノサクヤヒメが二重写しになって見えてくるのだ。かぐや姫の姿を思い浮かべようとすると、どうしてもサクヤヒメの影がオーバーラップしてくる。なぜだろうか。

まずこの二人は、世に類なき麗しい娘であった。そして、〈竹の霊力〉と深い関わりがあったところも共通している。サクヤヒメは、竹の名産地の薩摩半島に産まれ育った。かぐや姫も、竹から産まれて竹籠の中で育てられた。この二人の誕生は、どこか深いところで通底しているところがあるように思えるのだ。

その深いところとはどこか。私の一人勝手の空想だが、それは、阿多隼人のはるかなる故郷――青い深い海と緑濃い山々の織り成す美しい南太平洋の島々ではないか。つまり、『竹取物語』の古層に、サクヤヒメを始祖とする隼人の古伝承があったのではないか。彼ら隼人こそ、竹伐り・竹細工たちが語り継いできた説話を世に伝えた人びとであった。南の海と深い関わりのあった隼人こそ、海・山に生き、竹を愛し、その霊力を信じ、海の彼方から伝わった羽衣伝説を語り継いできた人びとであった。

かぐや姫伝承と隼人との結びつきを証拠立てる鍵になるのは、《竹中生誕説話》《羽衣伝説》《八月十五夜祭》――この三つである。これらはいずれも、南九州から南西諸島にかけて、今日まで色濃く残っている民間伝説であり民俗儀礼である。

『竹取物語』の基層になっている〈小さ子〉伝説や貧民致富譚《ひんみんちふたん》は、野山に入って竹を伐り、箕《み》や笊《ざる》や籠などを作って売り歩いた竹取りの間で、古くから語り伝えられてきたのではないか。

彼ら竹伐りは、田地を持たない貧しい民であった。正税《しょうぜい》や課役《かえき》をちゃんと負担する公民ではなかった。律令体制では、耕田を持たず税や役を負担しない者は良民とはみなされていなかった。社会の周辺に生きる貧しい民として、さげすみの目で見られてきたのであった。しかし、真面目に働いてさえいれば、いつかきっと良い時節が巡ってくる。一生懸命努力しておれば、かならず思いがけない幸運がやってくる――そういう貧民致富譚が、竹取り仲間で信じられていたのであろう。

ある日、通い慣れた竹藪の竹から〈小さ子〉が見つかる。その子が筍と同じように三カ月で美しい娘に育つ。貧しい家に幸運をもたらす《竹の精》の産まれ変わりであった。そして、「よごとに黄金ある竹」を見つけて、一夜にして長者となる――このような化生譚や長者伝説が、竹の呪力にまつわる〝夢のまた夢〟として語り継がれてきたのであろう。一生を社会の底辺で生きねばならぬ貧しい竹取りたちの白昼夢であった。万が一にも叶《かな》えられることはないはかない望みであったが、生きていく希望を与えてくれる先祖伝来の夢物語であった。

南太平洋系の民間伝承と儀礼

《竹中生誕説話》《羽衣伝説》《八月十五夜祭》――この三つの民間伝承や民俗儀礼は、中国大陸の南部から東南アジア一帯にかけて広く分布している。さらにその源流を遡ると、ヒマラヤ山麓から中国の江南地方にいたる照葉樹林帯と、南太平洋の熱帯の島々まで辿り着く。この二つの地域は、先にみたように《竹》の民俗文化圏であった。

もちろん、この二つの広大な地域は、今日ではかなり異質な文化圏である。しかもその内部には、多様な諸民族の生活と民俗が織り成す小文化圏をいくつも抱えている。しかし、ちょっと荒っぽい言い方になるが、数千年も遡れば両者はもともとは同根であった。

はるかなる太古の時代、今日のインドシナ半島やマレー半島を経て、南太平洋の島々へ渡って行った古マレー系の人たちは、江南・華南系とは深いところで通底していたのだ。すなわち、両者の民俗文化の源流は、古モンゴロイド系の故郷であったユーラシア大陸の東南部から発していたのである。

そして、もともと同根であったこの広大な地域では、南方系モンゴロイド系のアニミズムを基盤とする民俗や信仰が、大きな二つの流れに分化しながらもずっと受け継がれてきたのであった。したがって、きわめて類似している神話や伝説や民俗儀礼が、東南アジアから南太平洋にかけて広く分布していると私は考えるのだが、どうだろうか。

隼人の源流が、江南系の流れを汲むのか、華南系・インドシナ系なのか、南太平洋の島々を故郷とする海の民なのか、それとも、それらの文化複合の上に成り立った海洋民族なのか——それらの問題についてはまだまだ未解明である。だが、いずれにしてもこの列島の先住民族である隼人が、南方系の民俗儀礼と深い関わりのある海の民であったことは間違いない。

四 『竹取物語』と南島系の民俗

隼人に伝わった南方系海洋文化

《竹中生誕説話》《羽衣伝説》《八月十五夜祭》——これらの伝承や儀礼は、江南・華南から東南アジア一帯に、さらには赤道直下の南太平洋の島々にも広く分布している。

この日本列島にも、これらの伝承や民俗が入ってきたのであるが、それがいつの頃であったのか。たぶん縄文時代のかなり早い頃であろう。しかし、それを明らかにする資料や文献もないので、その時代を特定することはむつかしい。私が実際に歩いて見聞したかぎりで言えば、南西諸島から南九州にかけて色濃く残留している民俗文化は、江南系よりもむしろ南太平洋系のそれであろう。もちろん黒潮に乗れば、一衣帯水であるから、江南系の民俗も入ってきたであろう。例えば「鵜飼《うかい》」は、明らかに江南系の「川の民」の習俗である。

古マレー系の先住民族の多いスラウェシ、ボルネオ、それにヌサテンガラ（小スンダ列島）の諸島は、今日でも竹の民俗が基層にある。そして、《羽衣伝説》が民族の始祖伝承として語り継がれ、《八月十五夜》の祭りが行われている。海民特有の《海幸彦・山幸彦説話》の原型が残っているのもこのあたりである。これらの神話や伝説や儀礼は、南太平洋から長い時間をかけて、島々を伝わって日本列島の最南端に入ってきたのだろう。

竹の民俗文化は、すでに縄文時代には南九州に伝わっていた。温帯系の広葉樹林帯がこの列島に沿って東上するとともに、竹の民俗もしだいに広がっていった。そして、ヤマト王朝の南九州侵攻が開始されるに及んで、隼人の世界の〈竹の民俗〉が畿内《きない》に伝わっていった。

『竹取物語』の原型とも言うべき《竹中生誕説話》は、おそらく隼人の世界では早くから語り伝えられてきたのであろう。《海幸彦・山幸彦説話》や《羽衣伝説》も、時を同じくして黒潮の流れに乗って伝わってきたのだろう。そして、七世紀後半の天武・持統朝の頃にはこれらの説話伝承は畿内各地の竹伐りや竹細工の間にも広まっていったのではないか。そういう伝播経路が想定されるのである。

しかし、『竹取物語』が成立したとみられている九世紀後半の頃には、この物語の源流が南九州にあったという事実はもはや忘れ去られていたのではなかろうか。そして、畿内各地の竹伐りや竹細工にもともと伝わっていた〈小さ子〉伝説であるとみられていたのだろう。この物語のコンテクストのどこにも隼人の影が感じられないのは、そういう事情があったからだろう。

コノハナノサクヤヒメは海幸彦と山幸彦を産んだが、兄の海幸は阿多隼人の始祖となった。三子の末っ子であった山幸は、天皇家の始祖となった。だが、この《海幸彦・山幸彦説話》は、天皇家の系譜作成にあわせて改作されたに違いない。長子から先に独立して別船に乗ることになる海民の社会では、最後まで親と同船する末子《ばっし》が相続する慣習があった。隼人にも末子相続の慣習がずっと残っていたが、末子の山幸が天皇家の始祖となるこの説話には、捩《ねじ》れた形でその残影が認められる。

このようにして、竹の霊力とサクヤヒメにまつわる伝承は、「国造り神話」の一部として、改作されて記紀神話の中に組み込まれた。つまり、うまい具合に剽窃《ひょうせつ》されて「天孫族の始祖伝承」の中に取り込まれ、天孫降臨神話の一節にされてしまったのだ。

しかし、阿多隼人に伝わるもう一つの伝承――竹から産まれた〈小さ子〉の話は、賤しい竹伐りたちの伝承なので、宮廷では採用されることはなかった。その結果、貧しい竹伐りや竹細工が語り伝える民間説話となってその原型が残った。やがてそれが畿内各地の竹伐りたちの間に広まっていった。そして、その話に着目したのが、この『竹取物語』の原作者であった。

呪力のある羽衣

最後に《羽衣伝説》と《八月十五夜祭》について簡単に触れておこう。羽衣は、ハゴロモ科に属する半翅類《はんしるい》の小さな昆虫で、その優美な名のごとく美しい翅《はね》を持っている。翅には薄い色彩や斑紋《はんもん》があるが、中には透明に近いものもある。もともと熱帯系の昆虫で、日本でも十数種が知られているが、すべて本州以南に分布している。つまり、竹の生育圏とほぼ一致しているのだ。

ところで、羽衣と呼ばれる布は、細長く一幅に織り上げた小さな儀礼用の布である。ハレの日に衿や肩に掛けてヒラヒラさせるので「領布《ひれ》」と呼ばれ、肩巾や比禮の字もあてられる。薄い絹製の領布はハゴロモの翅のように見えるので、「羽衣」と呼ばれるようになった。そして、ハゴロモの翅は飛ぶイメージにつながる。かくして風にヒラヒラする羽衣は、天界まで飛行できる呪力源と考えられるようになった。

領布は記紀神話にもみえるが、呪力ある布とされていた。『万葉集』にも領布にまつわる歌が何首もあるが、これらはおもに女性が用いる白い布であった。身分の高い者ほど、絹製の長くて薄いものを身につけていた。儀式の際に矛先につける小さい旗も領布と呼ばれた。

この領布は、招魂や鎮魂など、物忌をして神を招く呪術儀礼に用いられた。つまり、アニミズム信仰にもとづく霊力のある布であった。これを身に掛けることによって、悪霊を防ぎ生命力を新しく充実させようとしたのである。大嘗祭では、御湯殿で新天皇が「天の羽衣」と呼ぶ薄い湯帷子《ゆかたびら》を身につけるが、これは明らかに物忌の衣である。

「領布」は、いつの時代から用いられるようになったのか、どこから入ってきた風俗なのか――その源流を確かめることはむつかしい。奈良時代から平安時代にかけて、盛装した婦人たちが肩に領布を掛けて左右に長くたらすファッションが流行したが、もともとは隼人の世界に伝わる独特の儀礼用ファッションだったのではないか。南方系海洋民の呪術信仰が、その源流にあったのではないか。『延喜式』隼人司の条にあるが、隼人はハレの日の儀式には深紅の領布を掛けて参列させられた。その長さは五尺であった。

領布は普通は白色であったが、隼人は緋《ひ》色である。白赤木綿の耳形鬘《ばん》（髪飾り）を身につけて緋の領布を肩から掛けていたのである。「日向神話」では赭《そほに》（赤土）を掌《て》と顔に塗る風俗が語られているが、《赤》は隼人にとって特別の呪術的意味があったのだろう。《赤》色信仰は、今日でも江南系と南太平洋系のいずれの海民にもみられる。

ニアス島のハレの日の儀式

インドネシアでは、今でもハレの日には領布を肩に掛ける。祝祭日には、伝統的な儀礼服を身にまとい、色とりどりの領布を美しくヒラヒラさせている。儀式の行列の先頭に葉をつけた竹を高々と掲げ、その先に領布をつけている。私が見たニアス島のハレの日の儀式では、婦人はみな金銀の刺繍をしたすばらしい領布を肩から掛けていた。この写真がカラーでないのが残念である。

日常でも領布を常用しているのは、ヌサテンガラのスンバ島だ。この島の先住民族は、男子はハレンダと呼ぶ肩掛けをいつも身につけている。この「領布」は絣《かすり》の織物で、立派な物は織り上げるのに一年以上かかる。この肩掛けとヒンギーと呼ぶ腰布は、同じ文様で同じ大きさである。手染め手織りのこれらの布には、それぞれの家系の小宇宙がシンボライズされて織り込まれている。女子の肩掛けはおもに儀礼用で、その際は後頭部に立派な「飾り櫛」を挿す。

八月十五夜祭の民俗的意義

かぐや姫が昇天したのは葉月の望《もち》の日、つまり旧暦八月十五日、満月の夜であった。八月十五夜に月の都に帰っていったところに、やはり南方系海洋民の宇宙観《コスモロジー》との深いつながりを感じる。戦前までは、この八月十五夜を一家で祝う習俗が全国各地にあった。私などの幼少期の頃は、月見団子やふかしたサトイモが食べられるので月見の夜は待ち遠しかった。

しかし、今ではその民俗もほとんど廃れてしまった。南九州から南西諸島にかけてわずかに残っているにすぎない。綱引きが行われ、十五夜相撲や十五夜踊りが催される。そして、芋名月と呼ばれるように、サトイモ類がかならず供えられる。それも箕の上に載せて、月に供えるのである。この「箕」は、月の強力な霊力が付着する呪具であった。

《月》に関する神話は、太陽信仰とともに太古の時代から語り伝えられてきた。その運行と月齢によって日を数え、潮の干満は時間の尺度となった。その周期性は女性の神秘的な月経とも深く関わることから、月は生殖力と豊饒の源泉とされた。また満月と新月は、人間の生と死を左右する霊力の根源であると考えられてきた。

そういう民俗信仰を背景において、《月》は多産と豊饒を司る農神とされ、また祖霊の象徴とみなされてきたのであった。満月を賛える八月十五夜祭は、イネの収穫祭であるとともに、祖霊の祭りであると言われてきた。だが、南九州から南西諸島に伝わる八月十五夜祭の深層を掘り下げてみると、もともとはサトイモの収穫祭であることが分かってくる。たぶん古くは焼畑農耕で栽培されていたのだろうが、十五夜の日に初めてイモを畑から素手で起こし、それをまず「箕」に盛って月に供えたのであった。

東南アジアのタロイモは、日本ではサトイモ、ヤツガシラ、ミズイモ、ターロと呼ばれた。インド東部からインドシナ半島が原産地であるが、タロイモを中心とした根栽農耕文化は東南アジアの基層文化と深く関わっている。今では熱帯太平洋の島々での栽培が盛んで、しばしば主食になっている。日本列島でも南西諸島や薩摩半島では、サツマイモが普及するまでタロイモを主食とする地域があった。つまり、〈竹の民俗〉と〈タロイモの民俗〉は、そのまま重なり合うところが多いのだ。

南九州の八月十五夜祭。箕の上に供物を飾る

それゆえにこのあたりの八月十五夜祭は、本州のそれとは違って、特別に深い民俗的意味を持っていた。このタロイモ収穫祭は、やはり隼

人系の海民が持ち込んできた南島の祭りであった。いつの頃からか、本州では月見団子を作りススキの穂を供えて名月を観賞するようになった。だが、月見を風流の夜とみたのでは、本来の十五夜祭の民俗的意義が消えてしまう。

先にあげたスンバ島では、八月の満月の夜は一年の最大の祭りで、夜を徹してカーニバルが行われる。巨石文化の残るこの島の先住民族は、今日でもマラプーと呼ばれる精霊信仰を守っているが、その深層にはやはり古いアニミズムがある。スンバ島とチモール島の間にある隣のサブ島では、満月の下、ヤシの茂る浜辺で全島民をあげて盛大に「歌垣《うたがき》」が催される。数百人の男女が海辺に集まって月明かりのもとで歌舞飲食し、豊作を祝うのだ。これらはほんの一例にすぎず、八月十五夜祭は南太平洋の基層文化と深く関わる民俗儀礼であった。つまり、八月十五夜にかぐや姫が月の都へ帰って行ったことは、隼人文化の源流と深く関わっていたのである。

かくして、天の羽衣を身につけたかぐや姫は、明るい満月の夜、天に昇っていった。竹取翁にとっては、手塩《てしお》にかけて育てた小さ子との悲しい今生《こんじょう》の別れであった。帝は、姫の遺した手紙と不老不死の薬を富士山で焼かせた。富士の頂上には、富士を神体として祀る浅間《せんげん》神社がある。そして、その祭神は浅間大神《あさまのおおかみ》である。霊威《れいい》ある山の神は女神とみる信仰が古くからあった。奇《く》しき縁と言うべきか、富士の頂きに鎮座するこの大神は、コノハナノサクヤヒメである。

第六章 竹細工をめぐる〈聖〉と〈賤〉

「箕造」(『三十二番職人歌合』)

一　竹細工と被差別民
――中世から近世へ――

竹取翁は「貧賤」の身分

ところで、竹の中から黄金を見つけて一夜にして長者になった竹取翁は、もともとはどのような境遇で暮らしていたのだろうか。古代から中世にかけて、竹伐りの仕事はどのような階層が担っていたのか。この竹取翁を、貧賤《ひんせん》の身分とみたのは柳田国男であった。

柳田は一九三四年に「竹取翁《たけとりのおきな》」、同三六年に「竹伐爺《たけきりのじじい》」と題した論文を書いている。そのいずれの論稿においても、次の竹取翁の歌を引用している。

呉竹のよよの竹取野山にも　さやはわびしき節をのみみし

蓬萊の玉の枝を求めて三年も南海を漂流してきたという車持皇子《くらもちのみこ》の苦心談を聴いて、大うそ話であるとは知らずに、竹取翁が感嘆して詠んだ歌である。柳田は、『竹取物語』に出てくる歌の中でも、とりわけ「重要なる一首」だと言う。私どもは代々《だいだい》竹取りを生業として野山に分け入って苦労してきましたが、あなたが遭われたようなそんな辛い日々ばかりではありませんでした――これが歌の大意だが、ここで竹取翁は自分の身の上についても述懐《じゅっかい》しているのだ。

柳田は、そもそも「竹取り」稼業は、田園から衣食の資糧を得る普通の「百姓」ではなかったと言う。すなわち、一般戸籍に編戸された班田農民ではなくて、大宝令にいう「山川《さんせん》藪沢《そうたく》之利」によって生計を立てていた貧しい賤民であった。そして、「野山にまじりて」は、当時としては「極貧」を意味すると断じたのである。

柳田は、さらに竹伐りの歴史について言及する。そして、「竹取りのしがない暮らし」は、中世以後もずっと続いていると言う。この指摘は重要である。

例えば桶屋は、「近世の箕作りのごとく常人に歯《よわ》いせられざる窮民《きゅうみん》ではなかったけれども、やはり原料を無主の山野に採っていた——。」「歯いせられざる窮民」とは、普通の人間が仲間としては付き合わない貧民、つまり、被差別民のことである。「桶屋」は「箕作り」のような賤民ではなかったけれども、やはり持ち主のない野山に入って竹を伐っていたので卑《いや》しい民とみられていた。そして、「これを要するに口碑《こうひ》の竹取物語はまだ活《い》きている」と結論する。竹取翁のような「竹細工」は、昔から貧しい賤民であったという言い伝えは、今もまだそのまま生きていると言うのだ。

若い頃の柳田は、穢多《えた》・非人をはじめ、宿《しゅく》、茶筅《ちゃせん》・鉢叩《はちたた》き・鉦《かね》叩き・ササラ・隠坊《おんぼう》・陰陽師《おんみょうじ》などの卑賤視された底辺の民に深い関心を抱いていた。

部落問題原論ともいうべき『所謂《いわゆる》特殊部落ノ種類』を発表したのは、一九一三年である。その続編として、〈雑賤民〉総論である『毛《け》坊主《ぼうず》考《こう》』を書いたのはその翌年である。雑賤民とは、穢多・非人身分ではないが、やはり良民とは異なる卑賤の民とみられていた人びとである。同じく良民には属さず、周縁に生きる民とみなされてきた山の民・海の民についても、その頃いくつかの論考を発表していた。

このように初期柳田民俗学では、日本民衆史の看過できぬ大きな地下伏流である〈賤民の生活と民俗〉が中心的主題の一つであったと断定しても決して言い過ぎではない。そして、一九一〇年代後半から、その関心はしだいに定住農耕民を主とする〈常民の生活と民俗〉に移っていくのだが、この「竹取翁」論などを読むとまだ彼の若い頃の眼力は生きている。

『職人歌合』と竹細工

古代から中世初期にかけて、畿内では朝廷の隼人司に直属していた隼人が、竹器製作の主たる担い手であった。そして、彼らの伝承してきた竹細工の技法がしだいに各地に伝わっていったと考えられるが、伝播経路はそれだけではないだろう。山深い奥地に自生しているササやカズラを原料にして、独自の技法で箕や籠を作っていた山人も各地にいたのではないか。

室町期から、マダケやハチクなど大型の竹林の造成が盛んになってくる。それを材料として竹器製造も一挙に広がっていったのである。中世も後期に入って、一体どのような人たちが竹細工をやるようになったのだろうか。

ここで中世の『職人歌合《しょくにんうたあわせ》』を繙《ひもと》いてみよう。歌合は、貴人たちが左右二方に分かれて同じ題で詠じてその優劣を競う歌遊びである。職人歌合は、貴人が職人になり代って詠んだもので、貴人の目から当時の職人の生態や心情を詠んだ一種の狂歌集である。

それに添えられた風俗絵は、〈道々の者〉〈道々の細工《さいく》〉と呼ばれた、当時の多様な職能を描いた「職人尽絵《づくしえ》」として知られている。ところが、職人尽絵で最古の鎌倉時代の『東北院職人歌合』『鶴岡《つるがおか》放生会《ほうじょうえ》職人歌合』はもちろんのこと、室町時代に描かれた『七十一番職人歌合』にも竹細工は出てこない。「ゆみつくり」「かさはり」「つづらつくり」「かはごつくり」「矢ざいく」などは出てきても、「箕つくり」などの竹細工は描かれていないのだ。

ところが、室町期の作品の中でも、一味違うのが『三十二番職人歌合』である。この作品は、それまでの「歌合」で無視されていた最底辺の職人層にも目を向けている点で注目される。諸国を旅して歩いていた連歌師の手が入っているのではないかと考えられる。当時の連歌師は、権門勢家《けんもんせいか》へも出入りしていたが、同時に貴人たちが全く知らない底辺に生きる人びとの生態にも通じていたのである。ここに初めて「竹売」「箕つくり」が出てくるのだ。

農業生産力の急速な発展、手工業の発達による職業の分化、都市の勃興、商業流通の拡大などによって、さまざまの職種が増え、職人数も増大したのが室町期である。だが、「箕つくり」を中心とした竹細工が、社会のオモテ舞台に現れることはなかった。

室町後期の頃には、竹林の増大とともに、籠や笊《ざる》などの竹器が生活必需品としてかなり市場に出回るようになっていた。簾《すだれ》や簀子《すのこ》なども庶民層でも用いるようになった。籠や笊は、材料さえ入手できればそうむずかしい細工ではなかった。簡単な竹器は、農民が副業として作っていた。公家や寺社に出入りして、清掃などのキヨメ役をやっていた河原者は、竹箒を自分たちで作っていた。

ただ一番問題なのは、竹器の中でも最も工程が複雑で、竹の呪力の象徴とみなされてきた箕づくりである。「箕」のような精密な竹器は、片手間ではとてもできない。良質のタケをまず探し、さらに野山に入ってフジカズラやヤマザクラなどさまざまの材料を集めてこなければならない。それを日干しにしたり、叩いて繊維を取り出したり、下ごしらえするだけでも大変な手数がかかるのだ。やはり、伝統的なその技法に精通した専業者でなければできない仕事であった。

この「箕つくり」を中心とした竹細工が社会のオモテに出てこないのは、それを担った細工たちが、まさに「歯《よわ》いせられざる窮民」であって、人里離れた山奥で生活していたからだろう。都人《みやこびと》たちは、そのような「箕つくり」の実態を知らなかったのだろう。

この歌合の「箕造」では次の歌が詠まれている。

ねながらも花はよるみん星の名の　みつくるわざに日をばくらしつ

朝早くから夜遅くまで箕作りに精を出しているので、花も夜寝ながら見るだけだ――これが歌の大意だが、いかにも貴人の目から見た箕作りである。一五五頁にあるように添えられた絵も、箕作りではなくて箕売りであった。おそらく絵師も、箕作りの生態を実際は知らなかったのだ。

被差別部落の生業

私のノートを繰ってみると、この十数年私が訪れた農山村の部落だけでも三〇〇をこえる。九州や中国地方の重畳たる山脈の奥深くにある部落もいくつか訪れた。それに瀬戸内海に散在する山間や海辺の小部落も数多く訪れた。平家の落武者伝説が残っている小集落もいくつかあった。（この章では、部落はすべて被差別部落をさす）

平野部にある純農村型の部落では、もちろん農業が主体であった。〈かわた百姓〉として賤視されてきたが、百姓としての年貢はちゃんと納めていた。その一〇〜二〇パーセント程度は、土地を持っている高持《たかもち》百姓であった。だが、土地がほとんどない貧しい小作農が多かったので、農耕だけでは食べていけず、近世の時代からいろんな生業に従事してきたのである。

私のノートからそれらの仕事を取り出してみると、馬引き・車引き、それに海や川筋での船乗など運送業が目立つ。山間部にある部落では、山番（山の保林）、材木伐り出し、狩猟、炭焼、鉱山労働、薬草採り、博労《ばくろう》などが続く。川魚漁や鵜飼をやっていた部落もあった。鍛冶や鋳物師をやっていた小集落もあった。タタラ場にある中国山地のたった四軒の部落では、鉄を輸送する馬の獣医をやっていた。その仕事は今から八〇年も前に終わっているのだが、薬草を採って治療に用いた医療道具はまだそのまま残っている。

海辺の部落では、海運と仲仕《なかし》、それに漁業がおもな仕事だった。しかし、漁業権を持っている部落は少なかった。素もぐりや一本釣りで細々と漁をやってきた地区が多かった。瀬戸内海では、製塩の仕事に従事した部落も各地にあった。もちろん経営者ではなく、浜方と呼ばれる重労働を担ったのだ。

ところで、農山村の部落では特に目立った生業がもう一つあった。それが「竹細工」である。東日本の部落は数多くは訪れていないのではっきりしたことは言えないが、西日本では、竹細工は部落の伝統産業の一つであった。近世以来の部落産業として、専業で「竹細工」に従事していた地区は、鹿児島を筆頭に宮崎・熊本・大分など九州が一番多い。ついで高知を中心とした四国地方、愛媛と徳島も竹林が多いので竹細工はかなり盛んだった。さらに広島と岡山の山間部を主体として、中国地方から近畿地方へと続いている。

部落産業としての竹細工

史料からみると、近畿の部落ではあまり竹細工は表面に出てこない。だが、実地に訪れてみると、竹細工に従事していた地区がかなりあることが分かってきた。山裾や河原にあって竹林の多い地区では、私はいつも竹細工の有無について訊ねた。ところが、かなりの地区ではかつて竹細工をやっていたとの証言を得た。ざっとみて数百はある近畿の農山村部落の三分の一にあたる。いずれもそう大きくない部落であったが、そのうちの何軒かが戦前まで竹細工を専業にしていたのだ。しかし、それも高度成長に入る頃には絶えてしまった。今も竹伐り・竹細工をおもにやっているのは、全く耕地のない兵庫県の山奥にある一部落だけである。

それらの部落では、一九五〇年代までは箕・籠・笊などを作っていた。花活《い》けなどの工芸品ではなく、農具・生活用具であった。だが、六〇年代に入ると、化学製品に押されて需要が急速に減っていった。農耕の機械化が進むにつれて、竹製品の市場がしだいになくなっていった。そして、最大の痛手は、竹細工をやる後継者がいなくなったことだ。竹細工だけでは食べていけなくなったのである。

山裾、谷間、山地にある部落では、必死になっていくらかでも耕田を増やそうと努力したが、食べていくだけの耕地を確保することはとてもできなかった。しかも山崩れ・山津波・洪水がいつ起こるか分からない危険な場所だった。

すでにみたように、タケの移植法が広く知られて、あちこちに竹藪が造られるようになったのは中世も後期に入ってからである。江戸時代に入ると、各藩では、河川の治水のために積極的に河原に竹林を造成していった。土地がないので川筋や河原に住んでいた貧しい民が、そのような治水工事に動員されたので、地縁的にも竹藪との結びつきが深くなっていった。

それらの竹林や竹藪は、藩の公有か、大きい高持百姓の所有で、自由に伐り出すことはできなかった。しかし、竹材は比較的たやすく手に入った。入会権の問題もあって木材はなかなか入手できなかったが、竹材は意外に安かった。竹林全体の発育のために、茂りすぎた成年竹を伐る間伐《かんばつ》が行われたので、貧しい民でも間伐材なら安い値段で買うことができた。

竹細工は、丹念な仕事ぶりと手先の器用さがまず求められる。竹を編む場合は、一日中じっと座ったままである。しかし、忍耐力のいる細かい仕事の割には、収入があまり得られない労働だった。ただ、資本がいらず、手元に道具さえあれば、あとは腕で覚えるだけであったから、貧しい民には適した仕事であった。

近世に入って竹器製作を専業にしていたのは、やはり竹藪のまわりに住んでいる土地を持たぬ底辺の民衆であった。小作をやる水呑百姓が兼業にやることはあっても、高持百姓が竹細工をやることは全くなかった。もう一つの流れは、あとでみる山の民・サンカであった。彼らは、箕作りと川魚漁で生きる山の漂泊民であった。

千利休と雪踏

堺に近い和泉の南王子村は、近世の数少ない一村独立の部落で、その庄屋の記録である『奥田家文書』によってその歴史が知られている。その南王子村の主産業は雪踏《せった》の生産であった。『広辞苑』で「雪踏（雪駄）」の項をみると、「竹皮草履の裏に牛皮を張りつけたもの。千利休の創意という」とある。その資料は、千利休の死の直後の文禄年間に書かれたといわれている南方宗啓（生没年不明）の『南《なん》方録《ぼうろく》』に依っている。宗啓は利休の高弟であった。

千利休は堺の魚問屋に産まれたとされているが、武野紹鷗《たけのじょうおう》に学んで芸道としての侘茶《わびちゃ》を完成した。侘茶の思想は禅の影響をうけていたが、既成の美意識にとらわれない下剋上的な発想がその基底にあったことも確かである。

紹鷗は堺舳松《へのまつ》の商人で武具製造に関わったが、『開口《あぐち》神社文書』の天文四年念仏差帳日記には「皮屋」とある。紹鷗は皮革商人として財をなし、自由都市・堺の会合衆《えごうしゅう》となった。利休もまた皮革業に関わった可能性が強い。市場もなく冷凍庫もない時代では、魚売りの商売だけで財をなすことは到底不可能である。同じく堺の茶人として知られていた今井宗久は、貿易商であるとともに鉄砲工場を持つ「死の商人」であった。信長・秀吉がこれらの茶人を召し抱えたのは、新しい権力者として貿易商が持っている流通・情報網を利用し、新興の「茶の湯」を「猿楽能」とならんで新文化の一つの柱にしようとしたからであった。

利休は堺の今市町に住んでいた。そこが履物作りの町であったことは『堺鑑《さかいかがみ》』に記されている。戦国時代の頃は、皮革関連の仕事がすべて賤視されていたわけではなかったのである。皮製の武具を重用した武将たちが、競って武具製造の皮革職人をその城下町に呼び寄せたことはよく知られている。しかし、近世に入ってから、皮革職人は、皮剝《かわは》ぎ同様に〈かわた〉として卑賤視され、やがて元禄・享保の頃から穢多身分とされて、そこが今日に連なる部落の起源になった地区も各地方にある。

「鉦叩き」(『三十二番職人歌合』)

ところで、中世の中頃から、京都極楽院空也《くうや》堂《どう》の門徒《もんと》で念仏を唱えて歩く僧《そう》形《ぎょう》の者がいた。鉢や瓢簞《ひょうたん》を叩いて回ったので〈鉢叩き〉と呼ばれたが、関東では〈鉦《かね》叩き〉と呼ばれた。正月が近くなると念仏を唱えながら藁《わら》を束ねた苞《つと》を肩にかつぎ、それに茶筅《ちゃせん》を差して売り歩いた。

茶筅は、抹茶《まっちゃ》を立てる際にかきまわして泡立たせる小さな竹器である。私もそれを作る丹念な作業を見たことがあるが、実に精密な手仕事である。数多い竹細工製品で、「箕」は文句なしに有史以前から第一の竹器であるが、中世からの竹工芸を代表するものは「茶筅」だろう。

ところで、彼ら〈鉢叩き〉は、近畿・中国両地方を中心に、四国・九州や関東地方にも散在していた。いずれも小集落を形成していたが、やはり自分たちの耕地はほとんどなかったので、いろんな雑業に従事していた。中国地方の山陽道では、竹細工に従事する者が多かったので〈茶筅〉と呼ばれた。この場合の茶筅は、竹細工職人の代名詞である。山陰筋では彼らは〈鉢屋《はちや》〉と呼ばれたが、尼子《あまこ》十勇士に連なる伝承が残っている所もある。平将門まで遡る由緒書を所持して中世以来の伝統を誇っている地区もある。

彼らが茶筅を売り歩いたのは、平安時代に空也上人が茶筅を用いて茶を立て、それで難病に苦しむ京都の人びとを救ったからだと由緒書にある。しかし、この話は空也上人にまつわる伝説の一つであって、自分たちの竹細工から思いついた起源話であろう。狂言『福部の神』に出てくるが、室町時代には茶筅を売り歩く〈鉢叩き〉がいたのである。

彼らは念仏踊りに源流をもつ雑芸能を行ったが、万歳などの芸能にすぐれ、山陰では元禄期に歌舞伎をやっている史料が残されている。埋葬、墓守り、医療などもやった。近世に入ると穢多身分の支配下の雑賤民とされ、警固役《けいごやく》や牢番などの役負担も課せられた。この列島における〈竹の民俗誌〉を語る場合、彼ら鉢叩き・茶筅の系譜を逸することはできない。

二　竹細工三代の伝統

三人の竹工芸師

一九九〇年の一月から五月まで、大阪人権歴史資料館で「竹と生活文化」展が催された。私もこの企画に関わったが、高知から西村竹創斎《ちくそうさい》、広島から石田涇源《けいげん》、鹿児島から時吉秀志、この三人の竹工芸師を招いて、得意の技の実演とともに、それぞれの地方の竹細工の歴史と現状についても語ってもらった。

西村さんは、竹細工で有名な土佐市の戸波《へわ》の生まれである。私も十数年前に戸波の部落を訪れて、戦国時代の〈坂之者〉以来の由緒ある地区の歴史と竹細工産業の現状について聞き取りをさせてもらった。

戦前では戸波の三地区はすべて竹細工をやっていて、最盛期には二〇〇軒をこえた。それが今では七〇軒に減り、それもほとんど兼業である。この戸波で、いつ頃から竹細工が始まったのか。それを明らかにする史料は残されていないが、南九州とならんでタケの多い南国土佐であるから、近世後期にはかなりの人数が竹細工に従事していたのだろう。明治維新直後の報告書では、農業用・漁業用あわせて一〇種類の品目が挙げられている。

西村さんは摩《ま》耗《もう》した竹器を復元する名人だが、この展示会には漁師たちが使う三抱えもある巨大な活籠《いけかご》を出品された。そしてまた、独創的な新しい竹工芸でもその名を知られている。竹ヒゴと竹の内側の薄い皮で作られた実物と見紛う昆虫類は実に見事だ。幼い頃、西村さんはいつも近くの森で昆虫採集に熱中していた。それをやめた今では、森の虫たちへの変わらぬ想いを竹細工で表現するのである。

三次盆地の竹細工

広島県三次《みよし》盆地の石田涇源さんの仕事場へは、縁あってこれまで何回かお訪ねした。中国山地に近いこのあたりは竹林が多く、竹細工を専業にしている部落もいくつかあった。涇源さんは長らく広島の会社勤めであったが、十数年前に帰郷し、八四歳まで竹を手離すことのなかった老父と同居することになった。だが、「竹細工は恥ずかしい仕事」という意識が依然として強かったので、父の技術を積極的に受け継ごうという意欲は湧いてこなかった。

しかし、父の死後、残された仕事場に座ったのがきっかけとなって、再び竹と向きあうようになった。それはまさに回心と言えるものだった。ちなみに涇源の号は、この地を訪れた作家の野間宏さんが、竹細工師としての新生を祝して贈った号である。

父のあとを継いで再び竹細工に取り組む決意をした石田涇源さんは、その時のことを次のように語っている。（広島県同和教育研究協議会編、『したたかに生きるくらしに根ざして』）

親父が死んでしばらくして、仕事場に足を踏み入れてみると、作りかけのソウキが一つ転がっていました。思わず手にとり、遺品だから仕上げてやろうと思いました。しかし最後の絞り込みが、どうしてもわからない。親父が作ったソウキを捜して解いてみても、なかなかうまくいかない。ふと気がつくと、私は親父と対話を繰り返しているのです。「ここはどうすれば形が崩れんのか?」「おまえも、ちょっとは竹の使い方がわかってきたのう。」親父の声がつい近くに聞こえてきます。それからです。親父の竹細工に対する心がわかるような気がしだしたのは。

三次盆地には、馬洗《ばせん》川など四つの川が流れ込み、ここで合流して江《ごう》の川となって日本海に入る。広島の県北に散在する部落の多くは、この河川沿いに配置されていた。その分布図をみると、藩権力によって強制的に分散移住させられたことがはっきりしている。河川敷にある部落は、耕地がほとんどないので、山仕事・船稼業・川魚漁・鵜飼それに竹細工がおもな生業であった。

石田家が住んでいた地区も馬洗川の河川敷にあって、江戸時代から「岡田の渡し」の船頭をやっていた。一八四八(嘉永元)年生まれの祖父は、三里(約一二キロ)ほど離れた川西村へ出かけて、昼間は番小屋で竹細工をやり、夜は村の見回りなどをやっていた。竹細工は生活のための生業であり、警備役は命じられた役負担であった。

一八九六(明治二九)年生まれの父親は、一五歳の時から輪力《りんりき》(人力車)を引いて走った。だが、芸備線の開通など交通革命に直面して、とうとう廃業に追い込まれた。急ピッチで進む資本主義的近代化の波に洗われて、部落民は次々に仕事を奪われていった。

父親が再び竹細工に戻ったのは、一九二〇年代末、昭和初期の大恐慌の時期であった。おもに農家用の竹器を作ったが、製品を売り歩くのは母親の仕事だった。朝早くから何里先までも売り歩いて、夕暮れになると米と交換して帰ってきた。「竹細工は私の一家一三人の糧、命綱であった」と涇源さんは述懐している。竹細工のほかに川魚漁、草履作りと網すき、それに小作と力役など、いろんな仕事をやりながら暮らしを立てていった。「我が家の歴史は差別と貧困の歴史であったが、それにもめげず〝何をしてでも食うてきた歴史〟であった。」

第二次大戦まで、この地区では十数軒が竹細工をやっていた。その起源がいつ頃まで遡れるのか、それを明らかにする史料はない。竹細工をやっていると部落だということがすぐ分かり、「竹細工者《もん》」と蔑視されたが、生きていくためのありがたい仕事であった。その竹細工も、今ではたった二軒である。竹細工で生きてきた部落は、大なり小なり同じ問題状況に直面している。しかし、先祖からの伝統的な産業であった竹細工の消滅を、このまま黙って見過ごすわけにはいかない。涇源さんの次のような発言は、このような情況の本質をズバリとついている。

私自身、竹細工職人の父をもったことで竹細工への賤視観がしみついていた。今にして思えば情けなく、残念な事であるがこれは事実である。私に代表されるこの意識こそが、実は祖先伝来の竹細工を滅ぼそうとしているのだといっても過言ではあるまい。もちろん、竹細工への賤視観は外からの差別意識によってつくられたものである。世間は「竹細工」即「部落」とみていた。しかし、だからといって竹細工を意識的に消滅させたとしても差別意識がなくなるとは思えない。現実の問題として竹細工は消滅の危機に直面しており、今こそ生産を担ってきたわれわれの側から竹細工の伝統と価値を見直し、世間一般に再評価をせまることを運動的に取り組まなければならない。そのために、われわれは作り続けなければならない。「保存・継承」という消極面で作り続けるのではなく、「発展・向上」の営みとして作り続けるのである。（前掲書）

確かにそうだ。どのようにして滅びゆく伝統産業を保存していくかを考えるだけではダメだ。たえず動いている時代の要求に即して、伝統技能の発展という新しい面からも竹細工の今後の打開策を考えていかねばならない。

一九八七年に広島市で開催された日本伝統工芸展で、涇源さんは最新の竹工芸品に接して大きい衝撃をうけた。どの竹材も上手に染色されていて、青竹のままの作品はない。作品は精巧をきわめ、複雑なデザインが縦横に編みこまれている。有意義な工芸展であり、石田さんは創作意欲をそそられた。

しかし、どことなく心にひっかかるものがあった。それは、祖父たちがやってきた竹細工とはあまりにもかけ離れていたからである。部落が作ってきた竹器は、農具・漁具などの生産用具であり、民衆がたやすく手に入

石田涇源さんの仕事場風景

れられる日用品であった。立派な工芸品ではなかったが、ザル目編みの素朴さと、年月を経るにつれて色調が変化する自然色の美しさを持っていた。

ところが、出品された工芸品は、糸のように細かくした竹ヒゴで編まれた実に精緻《せいち》な作品である。涇源さんは考え込んだ。「技術に走れば走るほど、竹細工に生きた親父の子であることを忘れ、部落の人間であることから遠ざかるような気がしてならない。」それが涇源さんが抱いている現在の悩みである。「部落の心を大切にしながら、どこまで竹の芸術にせまれるか」――この二つの課題は、両立がむつかしいのか。人権資料館の「竹と生活文化展」で行われた討論でも、率直にその問題が出された。

私は討論会で次のように自分の考えを述べた。『竹取物語』の竹取翁の時代から、竹細工は周縁の民が担ってきた。竹細工の民俗性は賤民層が創り出したものであるが、新しい時代に生きる工芸品の芸術性も追求できるのではないか。部落に根ざした竹細工はその両方を目ざすべきであろう。伝統的民俗は革新的な創意と決して対立するものではない。

真の文化は、民衆によって長い時間をかけて培われた民俗に根ざしている。そういう基盤がないのに、空中楼閣のように新しい芸術文化が突如として現れるわけはない。小手先で細工した見せかけだけの工芸美であるならば、歴史に残る本当の文化には育たない。高尚で優雅な舞台芸能とされている能にしても、底辺の民衆芸能であった中世の猿楽から産まれた。その立役者となったのは、貴人から「乞食所行」と呼ばれ、旅回りの一座として賤視されていた観阿弥・世阿弥の親子であった。

千利休は桂川の漁師が使っていた魚籠《びく》を譲りうけて、それをそのまま花活けとした。名もない竹細工が作った素朴な竹器であったが、名器として今日に伝わっている。竹材の本質を正しく生かす新しい技能であるならば、それはいつの時代においても民衆に愛されるであろう――そのように私の考えを述べた。

三　薩摩半島・阿多隼人に残る竹細工

薩摩半島の「箕作り」

ところで、「竹と生活文化」展では、もうひとり南九州から時吉秀志さんに出てもらった。阿多隼人の故郷、薩摩半島の阿多に産まれ育った七八歳の元気一杯の竹細工師である。

竹細工の歴史を調べていると、薩摩半島が日本一の竹の産地であり、竹細工の発祥地であることがはっきりしてきた。そして、古代から最も重要な竹器とされた「箕」は、やはり今日でも薩摩半島が最高の産地であることが分かってきた。

しかし、その「箕」の生産が、どういう地区でどういう階層によって担われてきたのか。文献資料でみる限りその担い手は明らかにされていない。箕作りの歴史から類推しても、やはり被差別民がこれを担ってきたと考えるのが筋道であった。文献で触れられていないこと自体が、差別と賤視が内在していたことを暗示しているのではないか。そこのところがはっきりしなかった。そこまで調べてか

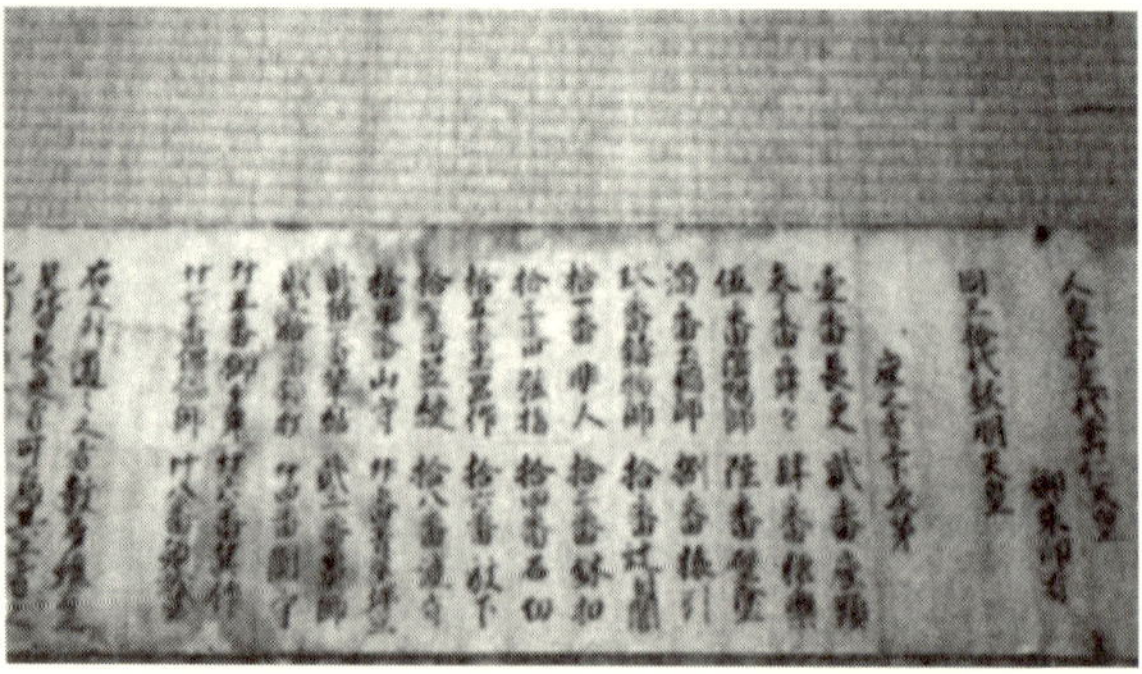

「弾左衛門由緒書」（広島県大崎下島の久比部落資料室）

ら薩摩半島に出かけたのである。

享保一〇（一七二五）年に、関八州の穢多頭弾左衛門が「頼朝公《よりともこう》御証文《ごしょうもん》」を奉行所にさしだした。その文書には治承四（一一八〇）年九月の日付があったが、弾左衛門支配下の賤民の座として二八座を挙げている。その中に竹細工は入っていない。しかし、その後に、この文書を根拠にして各地方の部落で作成された「弾左衛門由緒書《ゆいしょがき》」をみると、「箕作」を挙げている由緒書がいくつかある。竹細工を代表して「箕作」が挙げられているのだ。

そして、慶応四（一八六八）年五月に、歴代の弾家第一三代の弾直樹《だんなおき》が幕府にさしだした「頼朝公御証文」では、享保年間の二八座の「蓑作《みのづくり》」が「箕作《みづくり》」に変わっている。二八座の順序はいくらか違っているが、職種そのものが変更されたのはこの「箕作」だけである。

なぜ「蓑作」が「箕作」に改められたのか。その事情は詳らかではない。誤記であることが判明したのか、あるいは「箕作」が部落産業の実情に即していると考えて訂正したのか、そのどちらかであろう。「蓑」は茅《かや》や菅《すが》などを編んで作る雨具で、百姓ならばたいてい自前で作れる。しかし、「箕」は百姓が簡単に作れる物ではない。古くから伝承されてきた技法と独特の素材が必要で、それを作る細工人も特定されていたのである。賤民支配下の二八座としては、やはり「箕作」が正しかったと言わねばならない。

そのように考えられるので、とりあえず鹿児島県の部落解放運動を推し進めてきた組織を訪れて、部落と竹器生産との歴史的な関わりについて率直に訊ねることにした。

突然の訪問だったが、親切に教えていただいた。それによると県全体で部落は一〇〇をこえるが、差別からの解放運動に立ち上がっているのは主として県北である。薩摩半島の各地にも部落はあるが、運動組織がほとんどないので訪問することはむつかしい。竹細工だけではなく、部落差別に関わる問題にはもう触れてもらいたくないというのが県南部の実情である。

ついで竹細工と部落との関わりであるが、県北では竹材と竹の根の伐り出しをやっている地区が多い。伐り出したのをそのまま原材として売るが、竹細工はあまりやっていない。県南の部落は、竹細工が主産業だった。特に薩摩半島の「箕作」は、昔から部落の専業だった。九州各地を回って箕を売っていた行商人も、県南の部落から出た。しかし、現在は衰退の一途をたどっている。各地区とも数人の古老によって、辛うじて伝統が保持されているのが実情である。

そこまでは分かった。しかし箕作りの現場を見られないのは残念だと落胆していると、阿多には親戚もあるので、今晩なんとか連絡をとってみますと親切に言ってくださった。そして翌日、案内されて箕作りをやっている地区を訪れて、つぶさにその歴史と実情についてお聞きすることができた。そこでお会いしたのが時吉さんであった。

竹細工と少年の夢

鹿児島県の南部の部落が自らを閉ざしているということは、近世以来の薩摩藩の民衆統治方式と深い関わりがあった。度重なる国一揆や在地豪族の反乱に苦しんできた島津家は、徹底した抑圧管理政策をとった。藩直属の城内武士を中心に百余の郷に在地武士を配した外城制度、数戸で編成された門を単位とした耕地割替制度、そして浄土真宗禁制を柱とする宗教統制——これらの政策によって、民衆の反抗を未然に防ぐ支配体制を貫徹した。

藩はまた、南西諸島の住民に対しても徹底した抑圧的管理政策でのぞんだ。一六一一（慶長一六）年に奄美大島を直轄地とした際に、珍重されていた黒砂糖生産のために、ヤンチュ（家人）と呼ばれた農奴制をとったことにも、それははっきり現れている。藩政時代末期には、奄美地方のヤンチュの数は人口の約三〇パーセントを占めた。そのような隷属《れいぞく》的支配は、明治中期まで実質的に存続したのである。南西諸島の黒砂糖は、鹿児島藩の重要な財源であった。

ここで近世以来の部落史に立ち入る余裕はないが、時吉さんの話では、一般民衆の差別意識もひどいもので、部落民だけが完全に孤立させられていた。人間平等を唱えて解放運動に立ち上がる芽も、この薩摩半島ではついに見いだすことができなかった。

明治維新後に、この阿多の部落ではその古い由緒ある地名を変えた。自分の姓をも変えた人が多かった。あとでみるように、時吉は薩摩の数多い部落の中でもよく知られた姓であった。この薩南の部落は、正面から闘う道ではなく、回避する道を選んだのだ。もちろんそれも、苛酷な差別の結果である。

箕作りの技術。まわりの材料と道具に注目したい

しかし、時吉さんは姓を変えず、その昔島津勢と戦った由緒ある古い家名を守ってきた。「われわれの先祖がなにも恥ずべきことをやってきたのではない、最底辺の民とされてきたが、なくてはならぬ仕事や技術の担い手として頑張ってきたのではないか。責められるべきは差別を強制した権力の側にある」というのが時吉さんの言い分であった。

そういうはっきりした思想を持っておられるので、竹細工と部落との関わりについても率直に教えていただいた。戦前は一〇〇軒ほどあった地区も現在は数十軒になっている。昔からほとんどの家が箕作りを生業にしていた。品質が良かったのでよく売れた。ところが今では需要があまりないし跡継《あとつ》ぎもいないので、箕作りはたった五軒になってしまった。

薩摩半島で箕作りをやるのは部落だけで、男と子供の仕

キンチクを伐る時吉秀志翁

事だった。女は草履作りをやった。バラなどの竹細工をやる所もあるが、それは平家の落武者の伝承を残している山深い里で、やはり普通の農民とは違うと見られていた。

ここでちょっと注を入れておくが、南九州から種子島あたりでは、ザルをバラと呼ぶ。古い民俗用語で、その分布を丹念に調べた下野敏見の見解では、その発祥地は「古代隼人居住地区」とそのまま重なると言う。（下野敏見『南日本民俗の探究』）

子供の時から、親父のそばで見《み》様《よう》見《み》真似《まね》で竹細工を覚えた。精神統一が一番大事だ、雑念が少しでも頭に残っていると箕の編み方が崩れてしまうと、父からきびしく叩き込まれた。だが、狭い仕事場に座ってずっと一生竹細工をやらねばならないと思うと、だんだん辛抱できなくなってきた。貧しい家計を助けねばならず、小学校へもまともに行っていないので、これという目当てがあったわけではないが、やはりなんとかして世に出たいという少年の夢があった。

それでとうとう一六歳で家を出て、大阪で沖仲仕をやったが、少年にはとても重労働だった。いろんな仕事をやったが、二二歳の頃には北海道のタコ部屋へ入って、ダイナマイトを使う危険な仕事をしていた。ところが、六カ月の契約期間が切れても帰してくれないので、顔見知りだった近くのアイヌ部落に逃げ込んだ。とても親切で義理に厚い人たちだった。そこに一七歳の可愛い娘がいたが、あのままそこに一生いた方がよかったのではないかと懐かしく思い出す。そのことを今でも寝物語に言うものだから、そのたびに老妻と喧嘩になる。

戦争中は九州の有名な親分が組織した土方軍団に入っていた。大きな「出入り」があると聞いて駆けつけたら、なんと戦争だった。いまさらイヤとは言えず、五年間も戦場を転々とした。中国大陸からラバウルへ、さらにガダルカナルに飛び立つ飛行場設営隊として熱帯の島々を転戦した。その軍団の料理方をやっていたが、もうこれでダメだと覚悟した時が何回かあった。

戦争が終わって、命からがら故郷に帰りついた。再び箕作りに専念するようになった。戦後すぐは、箕は飛ぶように売れた。農家はもちろん、どこの家でも祭礼の時などにも神様への供物は箕に載せるのでよく売れた。一週間も寝ないで作り続けた時期があった。

この歳になっても、自分で山に入って、良いキンチク（ホウライチク）を探す。それにサクラの皮とフジカズラ、ヤマビワとツヅラを採る。ツヅラ採取は秋の彼岸から霜がおり始めるまでだ。箕の底にヤマザクラの皮を入れるのはこの地の伝統技術だ。

フジカズラは、石の上で叩いて柔らかくして、その内皮をとって陰干《かげぼ》しする。幅三ミリほどに細長く割いた竹へギをヨコに、サクラの皮とフジカズラの繊維をタテにして編んでいく。ヤマビワの木を曲げて縁にし、最後にツヅラで締めて仕上げる。すべて自然からいただいた天然の素材で出来ている。まあ、この道具を見られたら分かるように、十数種を使うがすべて先祖伝来の手作りである。誰が考え出したのか分からないけれど、私たちのやっている箕作りは、たぶん何百年、いや何千年も前からずっと受け継がれてきた細工だろう。

このサクラの皮にしても、海からの潮風にあたった樹齢十数年のヤマザクラが一番良い。フジカズラも赤味の色でシワがよった物が上等だ。どこの山のどこに良いものがあるか、いつも山中を歩き回っているのでよく分かっている。一週間に二回は、この愛犬を連れて道のない急坂をよじ登りながら採取してくる。山に入る時は一日仕事だ。

先祖から伝わった「サンカ」伝承

時吉さんの話は、大筋で以上の通りだった。『竹取物語』の冒頭で、竹取翁が「野山にまじりて竹を取り」とあったが、そこのところも、時吉さんの話を聞いて実感することができた。

これ以外にもいろんな興味深い話をきかせていただいたが、特に興味深かったのは、この阿多の「箕作り」の起源に関わる昔話である。次のように語り伝えられているが、今から六百余年も前の南北朝の頃の出来事である。

先祖たちは阿多にある古城の麓に住んでいたが、この城を目がけて攻め込んできた島津勢に追われて、みな山に逃げ込んだ。この地に昔から住んでいた人たち――その多くは阿多隼人の血をひく人たちであったが――彼らにとっては、守護大名として関東から下ってきた島津勢はまさしくインベーダーであった。

南北朝動乱時代に島津は足利尊氏側についた。その島津勢と最後まで戦ったのは、土地の豪族大前《おおさき》時吉《ときよし》の勢力であった。時吉を拠点とする時吉の一党は南朝側について戦ったが、ついに戦いに敗れて一族は四散した。主君島津に反抗したので賤民に貶《おとし》められた――そのような伝承が薩摩の各地の部落に伝わっているが、時吉はそういう由緒を誇る一族であった。

島津勢の目を逃れるために山深く隠れ住んでいた時に、たまたま山中で「サンカ」に出会った。われわれの困窮《こんきゅう》ぶりを見たサンカの人たちが、親切に箕作りを教えてくれた。以来、われわれの先祖たちはそれを生業にするようになった。

島津藩では、各地で〈一向一揆〉を引き起こした浄土真宗の普及を恐れて禁制にした。親鸞の説いた平等思想が広まるのを警戒したのだ。それでも熱心な信者たちは、「隠れ念仏」衆として各地に潜伏しながら「南無阿弥陀仏」を唱えていた。西日本ではどこでもそうだが、賤視された底辺の民は、昔から熱心な門徒だった。この阿多でも、古くからみな親鸞の熱烈な信者であった。時吉さんも朝起きると、かならず南無阿弥陀仏を唱えてから竹細工の仕事場に入る。

四　サンカと箕作り

文明開化と山の漂泊民

最後に言及しておかねばならないのは、さきほども時吉さんの話に出てきた「サンカ」の存在である。今ではサンカと呼ばれた山の民がいたことを知っている人も少なくなった。しかし第二次大戦前に生まれた世代なら、サンカの名はまだ記憶の片隅に残っているだろう。

山の漂泊民であるサンカについては、公的な資料や統計は何も残されていないのではっきりしたことは分からないが、本州の各地に散在していた山の民である。彼らは、おもに竹細工と川魚獲りを生業としていた。なかでも箕作りが得意であった。時たま里に降りてきて、米などの食料品と交換して生活していた。竹器の中でも最も呪力が強い「箕」を作っていたことは注目される。時吉さんの話にあったように、サンカの人たちが箕作りの源流だったかもしれない。

明治維新後も彼ら山の漂泊民は、近代化の波に取り残された遺民《いみん》であり棄民《きみん》であるとみられていた。かつてヤマト王朝が規定した〈化外の人〉の末裔《まつえい》のごとくみなされていたのである。

近世では、検地帳に土地の名請人《なうけにん》として記載されず、宗門人別帳からも除外されている者を「帳《ちょう》外《はず》れ」と呼んだ。維新後、中央集権的な国家体制が整備されてくると、この「帳外れ」は急速になくなっていった。しかし、サンカだけは、近代に入っても帳外れの人であった。戸籍を持たず、したがって義務教育を受けることもなく、徴兵制の枠外にあった。

　したがって、物々交換のために時たま村里に降りていっても、サンカは未開の山人として異人視された。彼らがよく通る細い山道は「サンカ道」と呼ばれて、里人たちはそこを通らないようにした。

移動するサンカの家族（『サンカの社会資料編』）

そのような偏見と蔑視に晒《さら》されながら、彼らは自分たちの伝統的民俗の中で生き抜いてきたのである。

　先にみた石田家の親父時代の仕事場風景にも「サンカ」が出てくる。（前掲書）

　仕事場には、いろんな人が立ち寄っていた。行商、薬売り、遊芸人、香具師《やし》、サンカの人々であった。いずれも、差別を受ける貧しい人々であったけれど、そこで交わされる会話はまことにユーモアがあり、軽妙な言葉のやりとりは、底ぬけに明るく、差別へのうらみがましい言葉はなかった。

　父もその一人であった。差別する者を包み込むようなユーモアの源は、竹細工にあったと思う。自分の家族が、食うや食わずの生活であったにもかかわらず、サンカの人に何がしかの米や小銭を渡しているのを、何度か見かけたことがある。苦労と貧乏の中で、生きた者だけが持つ人情、すなわち優しさであったと思う。

やはり中国山地の裾野にある小さな部落で、婦人会のみなさんから昔話をうかがった際にも「サンカ」の話が出た。次に紹介するのは七〇歳をこえる古老の話だから、一九三〇年代のことである。

私の子どもの頃には、この部落にも「サンカ」がよくきよった。子供づれで旅から旅をしながら、田の番小屋に一週間ほどいよった。箕や籠、タワシやハタキを自分たちで作って売りよった。手先が器用でいろんな細工物が得意じゃった。みんなして、よう働きよった。

川魚なんかも捕って売りよった。サンカの若い娘は、みんなべっぴんさんばかり。はア、それで、べっぴんさんが売り歩いとるのを、みんな買うたりしてネ。気立てのいい人たちじゃった。若い衆が嫁はんにしようと思うてかけおうたが、なかなかうんといわんという話も聞きよった。それでも、まア、結婚して、ここに住み着いた人もいたけんネ。

（沖浦『日本民衆文化の原郷』）

サンカの起源とその分布

彼らサンカの歴史的起源がどこまで遡れるのか。なぜ人目につかぬ山や谷で暮らすようになったのか。南は九州から北は関東までサンカがいたことは知られているが、全国的にはどのように分布していたのか。箕作りなどの竹器製作を、いつ頃から生業とするようになったのか。彼らの伝統的な生活様式、その民俗はどのようなものであったのか——彼らの姿が全く消えてしまった今となっては、これらの問題を根本から明らかにすることはもはや不可能である。

　村々に定住している里人にとっては、サンカのような山の民は、自分たちの村の境界外に棲んでいる〈筋違い人〉であり〈夷人雑類〉であった。クニ境やムラ境の彼方は、得体《えたい》の知れぬ魑魅《ちみ》魍魎《もうりょう》の住む暗闇の世界だ。

箕作りにはげむサンカの夫婦（『サンカの社会資料篇』）

　サンカは、クニやムラの定める秩序の枠外に住んでいる。その生活や民俗は、農耕民のそれとは異なっていた。彼らの信じている山の神・川の神は、里人たちの鎮守の神々とは無縁だった。このような山の放浪民は、農耕民共同体の規範を崩してしまう危険な存在であった。

　そういう山の民・サンカの系譜を、日本の民俗誌の中でどのように位置づければよいのか。おそらくサンカの源流は、近世より、もっと古い時代まで遡ることができるのではないか。

「サンカ」は、山窩、山家、散家、山稼などと表記されていた。いずれも、明治維新後から用いられるようになった当て字である。関東では「箕作り」と呼んだ。しかし、中世や近世の文献史料を調べてみても、サンカに該当する山民は見当らない。明治期に入って突如発生したということは到底考えられないから、以前から山で生活していた漂泊民であったことは確かである。平安期を代表する百科全書家ともいうべき大江匡房《おおえのまさふさ》(一〇四一〜一一一一)の『傀儡子記《くぐつき》』に出てくる漂泊民が、サンカの源流ではないかという説もあった。確かにそこに描かれている生態は、部分的には似ていないことはない。しかし、近代のサンカに連なる系譜を歴史的に証明する資料や遺跡は何も残っていない。

なんらかの理由で、村々から追放された、あるいは村里での生活を忌避《きひ》して山に入った。それだけが理由ならば、サンカの発生はせいぜい二、三の地方の出来事に限定されていただろう。ところが、サンカの存在は、東北の一部を除いてほぼ本州全域にわたっている。サンカの歴史的かつ社会的な発生要因を、一体どのように説明できるのだろうか。

実際のところ、サンカの根拠地とおぼしき山深い谷間を探しても墓らしいものはない。山から山へ漂泊した職人に、ろくろを回して挽物の椀・盆などを作る木地師《きじし》がいた。だが、いろんな点でサンカは木地師とは異なっている。木地師も一生を同じ山で果てることはなかったが、その多くは小椋《おぐら》姓を名乗って同族の共同体的連帯を持ち、木地屋墓《きじやばか》を残した。

サンカのものと思われる古い時代の生活の痕跡も、今までのところ見つかっていない。したがって、サンカの発生は意外に新しく、近世末期から明治初期と推定することもできないことはない。それならば、なぜその時期に全国各地で「サンカ」が突然出現するようになったのか、その理由が説明されねばならない。だが近世末発生論を根拠づける要因は全く見当らない。

さまざまのサンカ源流論

「サンカ」の源流については、ヤマト王朝の支配下に入ることを拒んだ先住民族末裔説、源平以来の度重なる戦乱の落人《おちうど》説、中世初期からの漂泊民であった傀儡子後裔説など、さまざまの観点から論じられてきた。もちろん、山賊の子孫というような俗説はとるに足らぬ。

サンカは里人たちが足を踏み入れない奥山で暮らして、山の民としての独自の伝統と民俗を守ってきた。しかし、実際にサンカ社会に入って、親しく共同生活をしながら彼らの生活と民俗を調べた者はほとんどいない。聞き取りの詳細な記録とその生活を写した多くのフィルムを残したのは三角寛《みすみかん》(一九〇三〜一九七一)である。(三角寛『サンカ社会の研究』『サンカの社会資料編』)

しかし、彼が書いた数多いサンカ小説は、実地に調べたサンカ生活の実態とはかけ離れた興味本位の伝奇ロマンに傾いていた。はっきり言えば、一連の猟奇《りょうき》小説として読まれたのであった。私も中学生時代にその何冊かを読んで、こんな生活をやっている放浪者がこの日本にいるのかとびっくりしたことを覚えている。やはり三角寛のサンカ物語は、サンカにまつわるマイナス・イメージを構成する一つの要因となった。したがって、その学術的な記録も問題にする意見が出てきたのであった。

柳田国男のサンカ論についても一言しておかねばならない。若い時代、彼の主要な関心は、被差別部落をはじめ、毛坊主や陰陽師、さらには山人、サンカに向けられていた。一九一三年に発表された『所謂《いわゆる》特殊部落ノ種類』は、部落の起源とその歴史を考える際には逸することのできない論稿である。部落史研究が深化した今日からみればいくつかの問題点があるにせよ、今なお学問的生命力を持つ歴史民俗学的研究である。喜田貞吉の系統的な賤民史研究とともに、部落問題考究の先駆的な仕事であった。

彼ら被差別民の民俗は、日本列島の文化の古層に属する重要な「残留物」を表示していると柳田は指摘した。そのサンカ研究も、このような一連の問題意識にもとづいている。『「イタカ」及び「サンカ」』の中で触れているが、そのサンカ論は一口で言えば傀儡子源流説だ。ただサンカの実態については間接的な情報をもとに展開されているので、そこが弱点になっている。しかるに、かくまで深い関心を抱いていた被差別民の歴史と民俗の問題から、柳田は遠ざかっていった。

明治の時代が終わる頃から、柳田の眼差しは、しだいに「常民」に向けられていった。一九一五年一一月、大正天皇の即位礼と大嘗祭が挙行された。柳田は前年に貴族院書記官長となり、大嘗宮の儀では弓矢を捧持する威儀《いぎ》の本位に就くことになった。天皇を迎え京都市中が御大典一色で塗り潰されたその日、市民の興奮をよそめにさりげなく次のように語っている。

一一月七日の車駕《しゃが》御到着の日などは、雲も無い青空に日がよく照って、御苑も大通りも早天から、人を以て埋めてしまったのに、なお遠く若王子の山の松林の中腹を望むと、一筋二筋の白い煙が細々と立っていた。ははあサンカが話をしているなと思うようであった。もちろん彼らはわざとそうするのではなかった。（『山の人生』）

このような柳田の心情をどのように理解すればよいのだろうか。大役を拝命して大嘗祭に参列する栄誉の日を迎えながら、彼の眼差《まなざ》しはなおサンカの上に注がれていたのであった。

山裾に近い部落を訪れた時は、古老からサンカの話がよく出る。山陰地方の山深い部落で聞いた話だが、タタラ者や木地師がいる山々のさらに奥からサンカがやってきた。サンカは物々交換をする場合でも、ひらかれた都会へは降りてこなかった。山から近い農村で、それも部落の周辺が多かった。一週間ほどいて、箕や籠などを米と交換して山へ帰って行く。そのあたりの村では、いたずらをする悪童は「サンカ者かオニにくれてやるぞ」とよく言われた。

サンカに関する情報は、どこの地方でもそうだが、山里にある部落が一番正確に握っていたようだ。第一次大戦の頃から、彼らは山から降りてしだいに里へ定着するようになる。それも部落の近くが多かったようだ。部落ではあまり分け隔てなくサンカに接したのだが、これはやはり被差別民としての連帯意識があったからだろう。農民はサンカの箕や籠がすぐれているので、サンカからよく買った。だが、都市や町の住民は、サンカと聞いただけでこわがって近寄らなかった。

サンカが、国家によって強制的に把握されるようになったのは、明治維新後かなり経ってからだ。サンカが官憲に追われ、無理矢理に戸籍を作らされて天皇の軍隊の一員として組み込まれていくのは、一九三〇年代に入って戦争のきなくさい臭いがたちこめるようになってからである。それでも戦後すぐの頃は、まだサンカの姿が山深い地方で散見された。その漂泊生活に止《とど》めを刺したのは、一九五二年に施行された住民登録法であった。

これからのち史料が新たに発掘されて、彼らの生活と民俗が改めて見直されることはないだろう。もはや歴史の闇の中に埋められてしまったのである。にもかかわらず、たとえ社会のオモテ舞台に出ることは全くなかったにせよ、彼ら山の漂泊民は、〈竹の民俗誌〉からみても忘れることのできぬ大きな伏流であったと言わねばならない。

五　日本文化の深層へ

カオス的植物としての竹

有史以前のアニミズムの時代、すなわち、まだ宗教が成立していない縄文・弥生の呪術万能の時代では、《竹》には呪力があり、「箕」や「籠」は霊力のある呪具とみなされていた。

竹が呪物とされたのは、〈凡草衆木〉には見られぬその植物的特性にもとづいていた。その時代を生きたヒトの想像力によって、タケに一定の意味付与がなされて、人力の及ばぬ霊力があるとされたのである。つまり、植物としてのタケから引き離されて、《竹》が、特別の呪術的なモノとして捉えられたのだ。

『記』『紀』に描かれている古墳時代に入っても、まだ竹の呪術性はその残影が認められていた。タケは、当時の人びとの植物に関する分類概念をハミ出した特異な植物であった。「木でもなければ草でもない」――このようにタケは、はっきりした境界を持たないどっちつかずのマージナルな存在であった。その本質がつかめず実体が曖昧なものは、〈聖・俗・穢〉がまだ未分化の、万物生成以前の渾沌《こんとん》に関わるモノであった。渾沌《カオス》は、秩序が成立する以前の、定かなものがまだ見えぬ時空で、自然に内在する神々が森羅万象を動かしていると考えられていた。その神々の霊力と感応しうるカオス的植物とみられていたから、竹は呪物として用いられたのであろう。

さて、呪物としての《竹》は、そもそも何を象徴していたのだろうか。改めて言うまでもなく、タケそのものがなんらかの価値や意味を明示しているわけではない。タケだけにそなわっている植物的特性が、人間のいろんな想像力を喚起して、ある種の象徴として用いられたのである。竹は節目正しく真っ直ぐに伸びる。厳寒でも葉は青々として凛然としている。その気品あるたたずまいから君子の植物とされ、「君子」「此君《しくん》」「抱節君」と呼ばれてきた。そして、〈竹の園生《そのう》〉は、高貴な身分を表す象徴表現として広く通じるようになった。

〈竹の園生〉は、竹のプラス・イメージが暗喩的に用いられた一例であるが、その逆もある。例えば〈藪医者〉〈藪薬師《やぶくすし》〉という用法にみられるように、竹藪はしばしばマイナス・イメージに用いられた。ただしこの「藪」は誤記であって、在野の巫覡《ふげき》（シャーマン）をさす「野巫《やぶ》」が正しい。野巫医者は、もともとは古代の呪術と深い関わりがあった陰陽師《おんみょうじ》から出たのであって、祈禱と漢方治療によって貧しい民衆の医療にあたったが、その多くは賤民出身であった。各地の部落を訪れても、第二次大戦前までそのような呪医がいたことは今なお語られている。近世民衆社会における呪能の担い手であった陰陽師系は、芸能の領域だけではなく民衆医療の分野でも活躍したのであった。

今日でも、手入れのよく行き届いた竹叢《たけむら》は「竹林《ちくりん》」、生えるがままに放置されて役に立たぬたけやぶを「竹藪《たけやぶ》」と呼び分けている。そして、竹林と言えば高貴なものをさし、竹藪と言えば卑賤なものをさす——このように竹は使い分けのできる両義的な植物であった。すなわち、《竹》は、正と負の境目にまたがるマージナルな植物であった。

竹垣に囲まれた空間は、何でもないように見えながら、実はある意味が発生する場所《トポス》を形成している。『常陸国風土記』で、鹿島神宮が松と竹の垣で衛《まも》られているとあったように、神々の坐《いま》す聖なる境域を竹垣で囲う習俗は古くからあった。この竹は、穢れや災禍を祓う呪力があり、清浄のシンボルとされたのである。

垣で聖域を表示する思想は、中世に入ると仏教における「結界《けっかい》」として広まった。空間を内外に分けて、外側を不浄がうごめく俗界、内側を神聖な浄界として区別したのである。結界の習俗はもともとインドのもので、ケガレに関わる魔障《ましょう》の侵入を防ぐというバラモン教＝ヒンドゥー教の呪法にもとづいていた。そのカースト制でよく知られているように、ヒンドゥー教の価値体系の根本にあるのは《浄・穢》観念であった。

ヒンドゥー教の教義では、動植物をはじめすべてのモノを浄穢の観念で価値的に序列づけたが、それをヒトの世界に適用したのがカースト制であった。

その思想的影響を深くうけた密教が日本に入ってくると、〈聖〉と〈俗〉を区分するだけではなく、

〈穢〉を忌避し、神聖な内部空間への立入りを未然に防ぐための結界の思想が広がっていった。

今日の葬送儀礼でも、柩《ひつぎ》が青々とした太い竹垣で囲まれて安置されている。これも一種の結界で、タブーの境域であることを示している。この竹垣は、浄土に旅立つ死霊の坐す聖域と、屍体の穢れが発生している場とを同時に示している。つまり、この竹垣は、〈聖なるもの〉と〈穢れたもの〉を同時に表示するという両義性を持っている。

時代は下って、元禄期の一六九五年のことである。河内の旧更池《さらいけ》村の部落はすぐ近くなので私もよく訪れるが、その更池村の皮多《かわた》が増長しているという理由で、次のような三カ条の掟が出された。その居住区を竹垣で囲んで出入りを統制する、正月三箇日を門付芸の太夫として近郷を回ることを禁止する、お宮の注連縄《しめなわ》の内へ入ってはならぬ――この三つの掟に定められた竹垣は、たんなる警備用の囲いではなくて、ケガレに関わるモノを閉じ込めておくという含意を持っていたのではないか。

河原の刑場が竹矢来《たけやらい》で囲まれていたことも、そのような象徴表現の一種であろう。第三章でみたようにバリ島の風葬も屍体を竹で囲った。この場合の竹垣は、神々の世界に昇天していく霊魂が鎮座している聖域の表示であった。

だが、日本の刑場の竹矢来は全くその逆で、警備の垣であるとともにケガレの表示でもあった。私がまだ中学生の頃だったが、天皇暗殺をはかって死刑に処せられたアナキスト難波大助の故郷の家の門が太い竹を交差して封鎖されている写真を見て、その異様な光景にギクリとしたことがあった。その竹は、一体何を象徴していたのだろうか。

河原者と浄穢の思想

一五世紀前半の正長年間、石木を扱う庭者《にわもの》として禁裏《きんり》に出入りしていた山水《さんずい》河原者が、「不浄之者」という理由で禁裏への出入りを停止されたことが、万里小路《までのこうじ》時房の『建内記《けんないき》』に出てくる。いかに庭作りにすぐれていたとはいえ、その仕事の場で日常的にケガレと関わっている河原者が皇居に出入りすると、ケガレが伝染する可能性があった。天皇の触穢《しょくえ》を恐れたのである。

甲穢→乙穢→丙穢というようにケガレが伝染するという思想は、はっきりと明文化されて、律令の施行細則である『延喜式《えんぎしき》』（九六七年施行）に出てくる。この触穢思想は、まぎれもなくヒンドゥー教の《浄・穢》観に発している。ヒンドゥー教の聖職者・バラモンの聖典である『マヌ法典』には、いかなる場合にどのようにしてケガレが伝染するか具体的に明示されていたのである。

このようなヒンドゥー教思想の影響を色濃くうけている密教を触媒《しょくばい》として、日本の中世社会ではそういうケガレ観が急速に広まっていった。そして、古代身分制の根本にあった儒教的＝律令的《貴・賤》観にとって代って、ヒンドゥー教的＝カースト的《浄・穢》観が身分差別の基本的思想としてしだいに肥大していったのである。

天皇の坐す禁裏を除けば、室町時代では河原者は公家に出入りして、庭仕事、井戸掘り、清掃などの雑務に従事していた。正月と八月一日八朔《はっさく》の日に、河原者が日頃出入りしている公家や寺社を訪れて礼物を進上することは、貴族の日記に数多く出てくる。当時の河原者の出入りを丹念に記しているのは、山科言継《やましなときつぐ》の日記『言継卿記』である。

山科家は皇室経済をつかさどる内蔵寮《くらりょう》を主管する公家で、朝廷の楽所別当として管弦をも家職としていた。禁裏御料（皇室領）の多い山科の地を代々管理したが、天皇の使用する種々の品物を貢納した供御人《くごにん》をも支配下においていた。山科言継（一五〇七～七九）は、内蔵頭《くらのかみ》として窮乏化する朝廷経済を支えるのに努力した。その日記は、近世の入口にさしかかった戦国末期の社会事情を知るうえで貴重な史料である。その子言経《ときつね》（一五四三～一六一一）も、父と同じ厖大な日記を残したが、やはり河原者の出入りが詳しく記されている。

中世後期の竹売り

『言継卿記』をみると、河原者が持参したのは、手作りの竹箒と緒太《おぶと》・金剛・裏無《うらなし》などの草履《ぞうり》であった。箒は神霊を招く呪具とされ、安産や子供の魂入れに用いられたが、草履もまた魔障を除き吉祥福徳をもたらす呪具であった。モノを掃き入れ、モノを掃き出す——相反する二つの機能を持つ箒は、時代と地方によってさまざまな俗信と結びついて呪具として用いられていたのである。

当時の貴族としては珍しいことだが、山科言継は自ら糺《ただす》河原で薬草を採取して、頼ってやってくる庶民に医薬を施療した。この山科家に出入りしていた河原者で岩鶴の名がしばしば出てくるが、言経は彼とはよく話をしていたようで、病に苦しんでいるその妻女を何回も手厚く施療している。その日記を読んでいくと「不浄者」のケガレなど全く気にかけていない。これは情に厚いその人柄によるのだろうか。それとも触穢思想などは信じない、合理主義的な考え方を持っていたのだろうか。楽奉行として歌舞音曲にも深い関心を寄せ、賤民芸能であった千秋万歳《せんずまんざい》・手《て》傀儡《くぐつ》・声聞師《しょうもんじ》囃子《ばやし》なども親しく見聞して記録している。

もともと贄人《にえびと》と呼ばれた供御人《くごにん》は、穀類以外の天皇の食料を調達する御厨《みくりや》・御園《みその》を拠点にして生産と交易に従事していた。この御園の一つに、タケを栽培する竹園があった。中世後期には山科家に属していた「竹供御人」や「竹うり散所《さんじょ》者」「竹子《たけのこ》供御人」の名が、山科家の家司が丹念に記録した『山科家礼記』に出てくる。山科家の管理する所領でタケを栽培していたのだ。

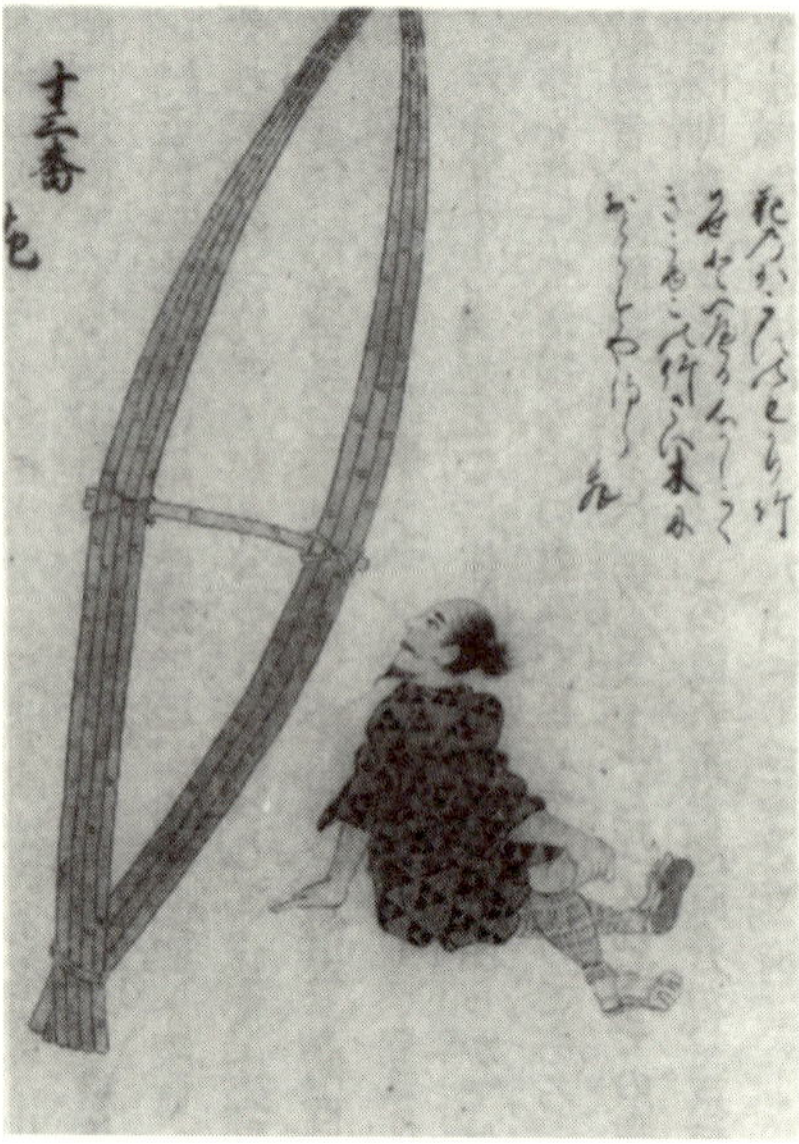
「竹売り」（『三十二番職人歌合』）

一五世紀末の延徳期の記録では、山科七郷・深草・木幡《こはた》・小野の所領にいる「竹供御人」、それに京の「竹売」から公事銭《くじせん》を徴収している。公事とは、年貢以外の雑税や賦役《ぶやく》の総称である。「竹一か代百文」とあるが、年間何荷《か》何本で何百文と定めていたのだろうか。「公事《くじ》竹子《たけのこ》貳束出候《ふたたばだしそうろう》」という記事もみられるが、当時珍味とされた筍も何束差出すか決められていたのだ。

河原者の岩鶴がどこに住んでいたのかは明らかではないが、ここから出てくる竹材を入手して箒を作って清掃などの雑務を務めていたのであろう。中世後期の賤民層は、その居住区から散所者、河原者、宿者《しゅくのもの》、坂者《さかのもの》などと呼ばれ、その職種から庭者、清目《きよめ》、細工《さいく》、革屋、皮多、唱門師《しょうもんじ》などと呼ばれた。この散所者や河原者が、京都及びその周辺の竹器製造の主たる担い手であったと思われる。先にみた『三十二番職人歌合』のモデルとなった竹売りも、この山科家に隷属《れいぞく》していた散所者だったかもしれない。その服装を見ても貧しい賤民であったことは明らかだ。この絵に添えられたのは次の歌である。

　うりかぬるじねんご竹のすえのつゆ　もとのしづくのまうけだになし

自《じ》然杭《ねんご》は竹の実の異名である。毎日精を出して竹を売り歩いているが、その竹の先につく露雫《つゆしずく》ほどの儲けすらない——そういう哀れな竹売りの生態を貴人の目から詠んだ歌である。

五摂家の一つであった九条家は多くの所領を持っていたが、その一つの山城国紀伊郡東九条の所領に竹藪があり、文明一六（一四八四）年四月一三日の記録では、清目孫二郎が地子銭二百文を納めて作人となっていた（『九条家文書』四）。この竹藪から竹を伐り、竹箒を作って清掃の役務に従っていたのだろう。その隣の畠は、同じく賤民であった宿者《しゅくのもの》が三百文余を納めて耕作している。

神事・呪物・ケガレ

前節で千利休について一言した際に、和泉の南王子村の雪踏《せった》についてみたが、鎌倉期成立の伝承を持つこの古い部落では、近くの聖《ひじり》神社の祭礼には毛皮の的を奉納する役務があった。大和の龍田神社の神事では、やはり近くの下之庄部落が奉納する毛皮が五穀豊穣の神符とされた。この場合の《毛》の皮は、《竹》と同じく呪物であって、〈聖〉と〈穢〉に関わる両義的な意味を持っていた。どの漢和辞典にも出ているが、《毛》はまず獣の皮を剝《は》いでつくる毛皮であるが、それとともに「すべての草木」「五穀」を意味した。

神を祭る聖なる行事と、穢れ多しとして差別された部落民――この関わりの中から、「神事」――「呪物」――「ケガレ」という連環が浮かび上がってくるが、神事そのものが呪術に根ざしていたのである。問われるべきは、何故に賤民が呪能の担い手になりうるのかということであろう。そして、それを解く鍵は「ケガレ」にある。

この場合のケガレは、〈聖・俗・穢〉がまだ未分化の渾沌《カオス》の時代、すなわち、聖なるものと穢れたものとがまだ分離されていない頃のケガレの残像である。つまり、根源的自然に根ざす呪力を潜めたケガレであった。〈聖〉も〈穢〉も、神秘的ではかり知れぬ自然の威力に根ざした呪術的意識から生じたある種の共同幻想であった。

自然界とヒトの世界とがまだ分化されていない時代では、〈聖なるもの〉は根源的自然の中にヒトの想像力によってつくられた一種の幻想境域であったが、〈穢れたもの〉の持つ危険で恐ろしい力もまた、根源的自然のもう一つの威力として捉えられていたのである。つまり、〈聖〉も〈穢〉も人間の思考によって了解された自然の未知の威力のオモテ・ウラであって、その意味では同じ呪術的観念を根に持っていたのである。ケガレと関わる賤民が神事呪能の担い手になりうるのは、そのようなカオス的始源に根ざしている。

〈神・人・獣〉の分化と国家の形成

太古のアニミズムの時代では、まだ〈聖・俗・穢〉は未分化であった。それぞれが異次元の世界として分化し始めるきっかけになったのは、征服者による「国家」の形成であった。征服者は「王」を名乗り、あらゆる手段を用いて自らを神格化しようとする。ヤマト王朝について言えば、記紀神話による万世一系の皇統という擬制の確立である。そして、その王＝国家による支配的「宗教」の定立によって、王権のまわりに聖なる境域がはりめぐらされ、その対極にケガレの領域が設定された。

〈聖・俗・穢〉がまだ未分化の渾沌の時代にあっては、〈神・人・獣〉もまだ未分化であり、〈獣〉もまた容易に〈神〉の化身たりえたのである。そういう呪術的思考が、自らの種族と深い関係のある動物をはるかなる祖神として崇《あが》めるトーテミズムとして現れたのであった。

しかし、ヒトとヒトとの間に「征服－被征服」「支配－被支配」の関係が現実化するにつれて、〈聖・俗・穢〉はしだいにバラバラに解体されて、征服者＝支配層が〈聖〉を占有し、被征服者＝被支配者は〈俗〉の領域に分離され、あるいは〈穢〉の領域に隔離されていく。

それとともに、〈神・人・獣〉もバラバラにされて、征服者＝支配者が〈神〉格を独占し、被征服者＝被支配者がタダの〈人〉か〈獣〉に近い存在に貶《おとし》められる。

このような因果性・関係性は、日本の歴史の中にもはっきりと現れている。すなわち、万世一系の皇統を称する天孫族の支配が確立するにつれて、それに抵抗した先住民族はいずれも〈獣〉の烙印を押されたのであった。

すなわち、東北の先住民族は「蝦夷《えみし》」と名付けられたが、蝦夷の「蝦」はエビで、蝦蟆《かぼ》と書けばヒキガエルをさす。南九州の先住民族は「熊襲・隼人」と呼ばれた。隼人の「隼」は、ワシタカ科の勇猛で敏活なハヤブサである。本州の各地にいた先住民族は、やはりヤマト王朝によって「土蜘蛛」と呼ばれたが、土中から現れ出るクモをさし、今なお穴居生活をやっているかのようなイメージで描かれたのである。

そしてこの〈獣〉の烙印は、そのまま〈穢〉のしるしともなったのである。この場合のケガレは、ヤマト王朝に隷属することを拒んで、国家的秩序の外にハジキ出された状態をさしている。

ただし支配者に忠誠を誓って、王化に浴すべく帰順した者は〈俗〉界に組み入れられ、賤民になることを免れたのであった。ヤマト王権に服属して畿内に移住することを承諾した隼人は、夷人雑類の末裔ではあったが一応は〈俗〉界のヒトとして遇された。だが、徹底的に抵抗して俘囚となった蝦夷は、卑賤の民として諸国に配流《はいる》されたのであった。

賤民史における栄光と悲惨

呪術的思考の体系は、古代・中世に入ってもなお根強く残っていた。それと深く関わったのが海人や山人から出た遊行神人《ゆぎょうじんにん》で、彼らは、〈ほかいびと〉、〈うかれびと〉と呼ばれたが、そこに芸能発生の原点を探ろうとしたのが折口信夫であった（折口信夫『日本文学史Ⅰ』）。アニミズムを源流とする呪能の担い手として遊行神人は各地を放浪したが、彼らを代表するのが「乞食者《ほかいびと》」と「傀儡子《くぐつ》」であって、「この二つが日本の叙事詩の伝承者」であったと折口は指摘したのである。そして傀儡子は「海《あ》人《ま》部」の出と思われ、「天孫人種の来る前に、先住的にぼつぼつ来ていた」と折口特有の直観で説いたのであった。

もちろん、ここに出てくる「乞食者」も「傀儡子」も、古代・中世の社会では最底辺に生きる民であった。俗界からもはじき出され卑賤視された底辺の民の生活は、外からみれば、なんらの希望もない暗黒の世界に見えるかもしれない。しかし、そこにはまた、〈豊饒な闇〉というべきものがあった。人間として生きていく限り、その未来への夢と自由への希求を、いかなる国家や権力といえども断ち切ることはできなかったのである。

『竹取物語』も、そのような貧窮の民の夢物語として読むことができる。遊女・傀儡子ら漂泊の民の今様《いまよう》歌謡を集めた『梁塵秘抄《りょうじんひしょう》』全二〇巻が、後白河法皇によって編まれた一二世紀後半では、法皇と遊女乙前《おとまえ》との人間的な交情にみられるように、〈貴〉と〈賤〉との間には絶対的な壁はなかった。

しかし、密教を通じて《浄・穢》観が広まるにつれ、古代からの《貴・賤》観にとって代わって、それは中世の神仏習合時代の中心的な身分観念としてしだいに定着していった。かくして、〈賤〉の世界は、〈貴〉はもちろんのこと、〈俗〉界からもしだいに隔離されていくようになった。しかしなお、室町後期から戦国時代にいたる一揆と下剋上の時代は、そのような身分観念そのものが根底から問い直される契機を潜めていた。先の山科家の記録に出てくる河原者や清目《きよめ》は、ちょうどその転換期に生きた賤民たちであった。

「一切衆生《いっさいしゅじょう》・平等往生」と「悪人正機《しょうき》」「女人正機」を唱えた法然《ほうねん》・親鸞《しんらん》らによる鎌倉民衆仏教は、さまざまの戒律を犯しているがゆえに仏の救いがないとされていた民衆の間に燎原の火のように広がっていった。その爆発的な普及は、王朝貴族たちの身分観念、それにもとづく社会的な価値体系への正面からの挑戦であった。まさに日本思想史における一大宗教革命であった。しかし、織田・豊臣政権による一向一揆の鎮圧とともに、そのような抵抗の火も急速に消えていった。そして、ヒンドゥー教＝カースト制度に酷似《こくじ》した《浄・穢》観にもとづいて、近世の穢多・非人制がしだいに定立されていったのである。

古代・中世・近世と、歴史は移り動いていった。だが、いつの時代においても、その社会の産業、技術、交通、芸能、民間信仰などの領域で、実際にその直接的な担い手・制作者・伝播者として働いてきたのは、多くの名もなき民衆であった。社会的生産力の実質的な担い手は彼らであった。しかもそれらの民衆の中で、賤視されながら、いや賤視されているがゆえに、最も苛酷《かこく》で人の嫌がる役務を強いられてきたのは、それぞれの時代の被差別民であった。

今日、能・狂言の国立能楽堂、人形芝居の国立文楽劇場、歌舞伎の国立劇場——この三つの国立劇場があるが、そこで演じられる芸能はいずれも中世の賤民文化に淵源がある。すなわち、観阿弥・世阿弥の猿楽能が「乞食所行」と呼ばれていたこと、人形芝居が傀儡子を源流とし、歌舞伎が戦国時代末期の河原者芸能から発していることはよく知られている。

特に「人に非ず」「穢れ多し」というような烙印を押されて、差別のなかで抑圧されてきた近世の時代の被差別民史は、まさしく不条理と悲惨の歴史であったことはまぎれもない事実である。しかし、そのような光のさしこまぬ暗い歴史の中でも、彼らは伝統的技能と新しい創意でもって仕事にはげみ、古くから伝承されてきた民俗と文化の一端を担ってきたのだ。さまざまの苦しみと悲しみがあったが、差別と闘いながら人間としての生がキラリと光る側面も少なくなかった。竹取翁以来の〈竹の民俗〉を担ってきた竹細工もその一つであった。この世を生き抜くためには、自由を希求する人間のひとりとして、その夢と希望を最後まで失うことはできなかった。

賤民の生活と生業は、正面から歴史のオモテ舞台に出ることはなかったが、心底ではひとりの人間としての自負と誇りを持ちながら、迫害を乗り越え苦難に耐えつつ生き抜いてきたのであった。

歴史のウラの領域であったにせよ、彼らがその一端を担ってきた民俗文化や技術は、その上澄みの部分だけが巧妙に支配体制に吸い上げられ、あたかも支配文化がそれを産み出したかのように記述されてきたのである。このように日本の歴史の奥底まで分け入ってみると、日本文化の深層には、差別され抑圧されてきた民衆によって担われてきた〈賤民文化〉という、大きい地下伏流が走っていることが分かってくる。

主要参考文献

第一章〜第三章

竹内叔雄『竹の研究』養賢堂、一九三二
上田弘一郎『有用竹と筍』博友社、一九六三
上田弘一郎『竹と日本人』日本放送出版協会、一九七九
室井　綽『ものと人間の文化史10　竹』法政大学出版局、一九七三
小泉源一「日本竹笹科化石」『植物分類・地理』一一巻一号、日本植物分類学会、一九四二
鳥居龍蔵「日向古墳調査報告」宮崎県史蹟調査報告『第三』一九一八（全集第四巻）
安田喜憲『環境考古学事始』日本放送出版協会、一九八〇
島地謙・伊東隆夫編『日本の遺跡出土木製品総覧』雄山閣、一九八八
小林達雄編『縄文人の道具』古代史復元3、講談社、一九八八
金関恕・佐原真編『弥生文化の研究5・道具と技術Ⅰ』雄山閣、一九八五
三浦圭一編『技術の社会史（一）』有斐閣、一九八二
大島暁雄『上総掘りの民俗・民俗技術論の課題』未來社、一九八六
A・R・ウォレス『マレー諸島』宮田彬訳、思索社、一九九一
上山春平編『照葉樹林文化』中公新書、一九六九
佐々木高明『照葉樹林文化の道』日本放送出版協会、一九八二

日本庶民生活史料集成第三〇巻『諸職風俗図絵』三一書房、一九八二
日本民俗文化大系13・14『技術と民俗』上・下、小学館、一九八五・一九八六
本田二郎『周禮通釋』上・下、秀英出版、一九七七
小泉栄次郎『和漢薬考』前篇、朝香屋、一八九三
下野敏見『ヤマト・琉球民俗の比較研究』法政大学出版局、一九八九

第四章

松前　健『日本神話の新研究』桜楓社、一九六〇
次田真幸『日本神話の構成と成立』明治書院、一九八五
小野明子「日本神話とインドネシア神話」大林太良編『日本神話の比較研究』法政大学出版局、一九七四
大林太良『神話の系譜』青土社、一九八六
E・V・ベルツ「日本人の起源とその人種学的要素」池田次郎訳『論集・日本文化の起源』5、平凡社、一九七三
鳥居龍蔵『有史以前の日本』磯部甲陽堂、一九二五（全集第一巻）
喜田貞吉『日向国史』（上）、史誌出版社、一九二九
三谷栄一『日本文学の民俗学的研究』有精堂、一九六〇
江上波夫『日本人とは何か』江上波夫著作集7、平凡社、一九八五
埴原和郎編『日本人はどこからきたか』小学館、一九八四
井上辰雄『隼人と大和政権』学生社、一九七四
大林太良編『隼人　日本古代文化の探究』社会思想社、一九七五

中村明蔵『熊襲・隼人の社会史的研究』名著出版、一九八六
小林行雄「隼人造籠考」、三品彰英編『日本書紀研究』（一）、塙書房、一九六四
上村俊雄『隼人の考古学』ニューサイエンス社、一九八四
清野謙次『インドネシアの民族医学』太平洋協会出版部、一九四三

第五章〜第六章

田中大秀『竹取翁物語解』藤井乙男編・解説、文献書院、一九二七
川端康成『現代語訳・竹取物語他二篇』非凡閣、一九三七
三谷榮一『竹取物語評解』改訂版、有精堂、一九五六
片桐洋一編『竹取物語・伊勢物語』国書刊行会、一九八八
上坂信男『竹取物語全評釈』（古注釈篇）、右文書院、一九九〇
柳田国男「竹取翁」「竹伐爺」定本柳田国男集第六巻、筑摩書房、一九六三
折口信夫『日本文学史I』折口信夫全集ノート篇、第二巻、中央公論社、一九七〇
金関丈夫博士古稀記念委員会編『日本民族と南島文化』平凡社、一九六八
下野敏見『南日本民俗の探究』八重岳書房、一九八六
小野重朗『南九州の民俗文化』法政大学出版局、一九九〇
広島県同和教育研究協議会編『したたかに生きるくらしに根ざして』同会発行、一九八九
石田涇源・加藤明『竹細工に生きる』解放出版社、一九九〇
松下志朗『九州被差別部落史研究』明石書店、一九八五
桃園恵真『薩藩真宗禁制史の研究』吉川弘文館、一九八三

福田晃ほか編『南島説話の伝承』三弥井書店、一九八二
原田伴彦『茶道盛衰記』角川新書、一九六七
柳田国男『「イタカ」及び「サンカ」』定本柳田国男集第四巻、筑摩書房、一九六三
三角　寛『サンカ社会の研究』三角寛全集第三五巻、母念寺出版、一九六五、現代書館、二〇〇一復刊
三角　寛『サンカの社会資料編』三角寛全集別巻、母念寺出版、一九七一、現代書館、二〇〇一復刊
田中勝也『サンカの研究』翠楊社、一九八二
岩崎佳枝『職人歌合』平凡社、一九八七
佐伯　修「関東流れ箕作り〝大山藤松〟の記録」、『マージナル』第四巻、現代書館、一九八九
脇田　修『河原巻物の世界』東京大学出版会、一九九一
史料纂集『山科家禮記』続群書類従完成会
東京大学史料編纂所編纂・大日本古記録『言経卿記』岩波書店
図書寮叢刊『九条家文書』明治書院

あとがき

〈竹の民俗〉〈南太平洋の島々〉〈海洋民隼人〉〈竹細工の歴史〉——この四つの柱が、本書を構成する要石《キーストーン》になっている。そして、この四つを結ぶモノとヒトの歴史的な流れと、その民俗史的な関連を描き出すところに本書の眼目があった。もちろん、この場合のモノは《竹》であり、ヒトは南方系海民を出自とする《隼人》をさす。

さらに言えば、南島文化と隼人との関わりを〈竹の民俗〉を通じて明らかにすることによって、そこに日本列島の基層文化に連なる一つの水脈を掘り起こそうというのが本書の狙いであった。南太平洋系の民俗文化を培養基として、平安初期のヤマト王朝時代に花咲いたのが『竹取物語』ではないか——。そのような自分勝手の構想からこの本を書き進めた。

この十数年、インドネシアを中心に、南太平洋の島々を毎年のように訪れている。おもに先住民族系の住む辺境の島々である。よくその理由を訊ねられるが、一口で言えば、今日の日本人の民族的源流の一つである〈南島系海民〉の民俗と文化をこの目で見極めるためである。

海民そのものを表す私の姓から分かるように、わが家系は瀬戸内海の海民で、祖父の代までずっと船に乗っていた。秀吉の「海賊禁止令」によって、一六世紀末に解体壊滅した村上水軍の末裔と言い伝えられていた。瀬戸内海に早くから入ってきた海民にはいくつかの流れがあるが、その地名や出自伝承からみて、隼人系の痕跡も明らかに残っている。わが故郷は〈平家落人伝説〉の残る安芸国鞆之浦《ともの うら》の平《ひら》であるが、隼人系と思われるフシがある。そういう因縁もあるので、はるかなるわがルーツを求めて南海の島々を訪れるのだ。

さて、熱帯アジアのまだ「未開」とされている島々を歩くと、いろんなものに目を見はる。多くのことを学ぶことができたが、それは異文化体験ではなくて、むしろ日本の基層文化に通じるものが多いのに目を見はったのである。その一つが〈竹の民俗〉であった。

今から一五〇年も前に、八年間をかけてボルネオ・スラウェシ・モルッカ諸島・ニューギニアなどの島々を訪れたA・R・ウォレスは、豊かに茂る竹とその多様な利用法をつぶさに観察して次のように書いた。「竹は熱帯の最も素晴らしく美しい産物であり、文明化していない人々への自然からの最も価値ある贈り物である」(『マレー諸島』第五章)。ウォレスは、「文明化していない」というコトバを野蛮と同義に用いているのではない。彼は、西洋文明の行く末がむしろ人類の退廃と破滅をもたらすのではないかと危惧した数少ない自然科学者のひとりであった。近代文明に汚染されていない豊かな自然の中に暮らす人びととの人間的な交情を通じて、「文明化した人びとも未開人から何事かを学ぶことができる」と考えたのである。このウォレスの言葉は、今でも生きている。

たまたまこの七月末から四回目のボルネオ探訪にやってきて、今、この「あとがき」をサラワクのクチンで書いている。一八九一年に創設されたサラワク博物館は、設立にあたってウォレスも力をつくしたのだが、竹製品も大規模な展示がなされている。世界最大の〈竹の民俗〉展と言えよう。

本書のもう一つの眼目は、『竹取物語』の竹取翁以来の竹細工の歴史である。有史以前から「箕」「籠」などの竹器は、神々の霊力の宿る呪物として用いられた。しかし、鎌倉・室町期の『職人歌合』でみたように、竹器製造の中心である箕作り職人は、ついに産業史のオモテ舞台に現れることはなかった。竹取翁を「山川藪沢之利《さんせんそうたく》」によって生計を立てる貧賤の民と断じたのは柳田国男であったが、その歴史的系譜は中世から近世・近代へ入っても跡切《とぎ》れることなく続いた。歴史的源流も定かでない山の漂泊民として賤視されたサンカが、箕作りを生業としたことも注目すべき事実である。

もう一〇年も前になるが、三〇〇〇年の歴史のある鵜飼の調査に中国山地の三次盆地を訪れた。江川沿いの小さな被差別部落がその古い漁法を担ってきたのであるが、その際に郷土史家の黒田明憲氏に、部落の伝統的技能である竹細工に生きる石田涇源氏に引き合わせていただいた。それが、竹取翁以来の竹細工の歴史について考える一つのきっかけになった。

私はこれまでに数多くの被差別部落を訪れて、そこに伝わる民俗・宗教・産業技術などについて調べてきた。訪れるたびに、古老たちに部落に伝わる伝承や昔話、それに想い出話や苦労話を聞かせてもらった。差別と貧困とたたかいながらこの世を生き抜いてきた古老たちとの出会いは、私の人間観に大きい衝撃をあたえた。なんとか生きていくための必死の人生から学んだ深い知恵と、厚い義理人情を身につけた古老が多い。底辺という視座からは、人の世の冷たさ、あたたかさ——すべてのものがよく見えるのだ。

その生涯についての語りには、「人間とは何か」「人間いかに生きるべきか」という問題について、根本から問いかける何ものかがあった。そこには、書物から読み取るだけの表層の歴史記述からは到底得られない、この〈人の世〉の深層に関わる何ものかがあった。そのような古老たちとの出会いから多くのことを教えられたが、この『竹の民俗誌』もその所産の一つである。昨年春に大阪人権歴史資料館の主催で行われた「竹と生活文化」展もこの本を書くきっかけとなったのだが、全国各地の取材にあたっては川瀬俊治、矢野直雄、朝治武、小島伸豊の諸氏にお世話になった。また、毎年筍の出る季節に摂津の竹林に呼んでくださる岡本圭造氏には、タケの生態について実地に詳しく教えていただいた。

阿多隼人の故郷である薩摩半島阿多を訪れた際に、偶然時吉秀志翁にお会いすることができて、竹細工の歴史と技法について教えていただいたが貴重な出会いであった。箕作り一筋に生き、今年で八〇歳になる時吉翁は、まさに現代の竹取翁であった。

新書編集部の川上隆志氏には、取材への同行だけではなく原稿を読んで適切な助言をいただいたりして大変お世話になった。厚くお礼を申し上げる。

一九九一年八月三日　サラワクのクチンにて

沖浦和光

あられもない恋文のような。──解題にかえて──

赤坂憲雄

たくさんの沖浦和光さんの著書のなかで、一番のお気に入りはどれか、と問われたら、わたしはたぶん、この『竹の民俗誌』をあげるだろう。しかし、これはむしろ、やんちゃな沖浦節の炸裂とはいいがたい、沖浦さんとしてはおとなしい本であるかもしれない。文体も叙述のトーンも、やけに静かなのである。新書という体裁に収めるためであろうか、饒舌ではなく、かなり抑制的だ。

刊行されたときの年齢を確認してみると、六十代半ばである。わたし自身も間もなく、そこに到達する。この年齢の頃に、この本を執筆されていたのか、と思いがけぬ感慨が湧いて起こる。世の中の襞深くに隠されているモノたちが、妙にくっきりと見えてくる年齢といったものがあるのだろうか。むろん、たんなる年齢の問題ではない。きちんと成熟を抱え込んで老いを迎えた思想や学問にのみ見いだされる、たとえば固有の感触ということか。わからない。わたしにとって、沖浦さんは依然として一個の謎なのである。

なぜ、この本が好きなのか。むろん、おもしろいからだ。静謐でありながら、深々として、かぎりなく魅惑的な沖浦さんらしい世界が、いや世界観が繰り広げられている。世界観と書き直してから、さらに、いや人間観というべきかもしれないと思う。人間とはなにか、という問いがひそやかに谺している。ひそやかに、なんて言葉がまるで似合わなかったはずの、その人は、どこか幽冥の境からこちらを覗き込んで、にんまり笑っているにちがいない。

少し長くなるが、「あとがき」から引用してみる。

> 私はこれまでに数多くの被差別部落を訪れて、そこに伝わる民俗・宗教・産業技術などついて調べてきた。訪れるたびに、古老たちに部落に伝わる伝承や昔話、それに想い出話や苦労話を聞かせてもらった。差別と貧困とたたかいながらこの世を生き抜いてきた古老たちとの出会いは、私の人間観に大きい衝撃をあたえた。なんとか生きていくための必死の人生から学んだ深い知恵と、厚い義理人情を身につけた古老が多い。底辺という視座からは、人の世の冷たさ、あたたかさ――すべてのものがよく見えるのだ。
>
> その生涯についての語りには、「人間とは何か」「人間いかに生きるべきか」という問題について、根本から問いかける何ものかがあった。そこには、書物から読み取るだけの表層の歴史記述からは到底得られない、この〈人の世〉の深層に関わる何ものかがあった。そのような古老たちとの出会いから多くのことを教えられたが、この『竹の民俗誌』もその所産の一つである。

意外なほどに静かで、真っすぐな言葉だ。アジテーションからは、はるかに遠い。このとき、この人は疑いもなく民俗学者であった。むろん、柳田国男以降、この国の民俗学者たちが被差別部落を訪ねて聞き書きをすることは、ほとんどなかった。それは赤松啓介など、マージナルな、ごく少数の研究者がおこなう仕事として遠ざけられてきたのである。だから、ここでの沖浦さんはまさしく民俗学者ではあったが、それはあくまでアウトローとしての民俗学者であった。

沖浦さんは部落の古老たちから、なにを学んだのか。「人間とは何か」「人間いかに生きるべきか」という、人間観の根幹にかかわる問い。そこに蓄積された知恵や生きざま。「〈人の世〉の深層に関わる何ものか」といった言葉も見える。呟くように刻まれた言葉だ。厳粛な気分が寄せてくる。それはきっと、この本の全体を浸している語りのトーンそのものでもある。

どこか酒席の場であったか、沖浦さんが語ってくれた、ある情景が記憶に灼きついて離れない。インドネシアのどこか島を訪ねたときのことらしい。バンガローのような宿に泊まっていた。夜になると、木の扉を、いや窓をかすかに叩く音がする。島の女が立っていた。毎晩のようにやって来た、という。それで、どうしたんですか、とたずねても、沖浦さんは小さく笑っているばかりだった。こちらを試しているようではなかった。沖浦さんに値踏みされていると感じたことはない。

ホトホトとか、コトコトなどと呼ばれた、この列島の来訪する神々が浮かんだ。訪れとは、そうした異界からのマレビトの音擦れである、と語ったのは折口信夫であった。前後の話の流れは覚えていない。マレビトについての話でもしていたのか。いまにして思えば、島の夜ごとの訪れ人は娼婦だったにちがいない。ふっと、古代に、傀儡と呼ばれた漂泊の民を思いだす。訪れる女たちは遊女であり、同時に神につかえる巫女でもあった。この国の底辺をなす貧困と差別のかたわらに転がっていた、ありふれた光景のひと齣にすぎない。沖浦さんはあのとき、「〈人の世〉の深層に関わる何ものか」について思いを揺らしながら、そのかけらを分けてくれたのではなかったか。

☆

『竹の民俗誌』はどこか、博物誌の趣きすら感じさせる。沖浦さんはおそらく、それを意図していたはずだ。いまから二〇〇年ほど前の『古今要覧稿』は、竹についての記述が豊かに収められており、竹をめぐる博物誌といえそうな内容になっている、という。新書版に収めるにはむずかしいことを承知しながら、植物学的な側面からの竹についても触れておきたかったのだ。だから、この本はみずからの書名に抗うように、たんなる竹をめぐる民俗や文化を扱った書には留まらない。それでは、なにをめざしたのか。

あきらかに大きな構想が存在した。それは時間軸としては、縄文・弥生の時代にまで竹の痕跡をもとめたうえで、古代・中世から現代にいたる竹の民俗文化史を浮き彫りにしてゆく。日本神話のなかの竹の伝承が、南九州の隼人との関わりにおいて南方へと開かれてゆく。そうして海幸・山幸説話や、イザナギの黄泉国訪問譚などが、竹を起点に読み解かれてゆくあたりは、鮮やかである。神話テクストの注釈としても優れている。

さらに、竹をめぐるフォークロアや伝承、竹がかかわる芸能や祭祀などが、〈聖〉と〈穢〉のはざまに多様なかたちで見いだされている。しかも、竹を素材として作られる多彩な物や道具に眼を凝らしながら、それを作る技術や製作者の姿を浮かび上がらせているところが、いかにも沖浦さんらしい。そこにも差別と、それゆえの聖なるものへの反転というテーマが通底している。長年のフィールドワークに裏打ちされた厚みが感じられる。

あるいは、そこに空間軸として、日本列島から南太平洋の島々にいたる広大な地域をフィールドとする知見が、独特の光を射しかけることになる。沖浦さんは毎年のように、インドネシアを中心とする島々をフィールドに調査の旅をおこなっていた。日本列島における竹の民俗文化の原郷は南九州である。そこに古代以来暮らしてきた隼人の人びとを、竹をめぐる時間と空間とが交叉する焦点として、南太平洋の島々とのつながりを探究していったのである。日本列島の基層なす文化につらなる水脈のひとつが、そうして発見されてゆくプロセスは、たいへん刺激に満ちている。

第五章は「『竹取物語』の源流考」と題されている。「物語の出で来はじめの祖《おや》」と称されてきた『竹取物語』は、まさに竹をめぐるフォークロアを底に沈めた物語であった。そして、ここにも南方とのつながりが見いだされる。沖浦さんは楽しそうに、かぐや姫伝承と隼人との結びつきを浮かび上がらせている。竹中生誕説話、羽衣伝説、八月十五夜祭りなどを手がかりとして、それが明かされてゆくあたりは、この『竹の民俗誌』という本の心躍るクライマックスの、少なくともひとつではあるにちがいない。

これもまた、香具師の口上めいてはいるが、沖浦さんはこんな言葉を残している。すなわち、「わが故郷は〈平家落人伝説〉の残る安芸国鞆之浦の平であるが、隼人系と思われるフシがある。そういう因縁もあるので、はるかなるわがルーツを求めて南海の島々を訪れるのだ」（「あとがき」）と。瀬戸内海を拠点とした村上水軍の末裔は、南九州から南太平洋の島々へと、時空を超える幻想の旅をおこなっていたのである。まるで、魂を自在に跳ばして異界巡りの旅をしたあと、その報告によって人びとを幻惑させてきた脱魂型のシャーマンそのものではなかったか。

☆

わたしにとって、沖浦さんは竹藪のなかに佇む賢者のような人だった、などといえば笑われるだろうか。藪医者のヤブは野巫であると喝破したのは、ほかならぬ沖浦さんその人である。そのような意味合いにおいてであるが、沖浦さんはまさに、竹藪に棲む巫者そのものであったかと思う。

竹とは、なんとも絶妙なテーマが選ばれたものだ。竹とはいったい、なにか、なにものか。沖浦さんの言葉を拾ってみる。いわく、竹はこの列島の植物のなかで、特異な役割を果たしてきた。竹には超自然的な、神秘的な霊力があると見なされてきた。竹は植物の分類概念をはみ出した特異な植物であった。それは樹木なのか、草なのか。竹ははっきりした境界を持たないマージナルな、実体が曖昧なカオス的植物である。そして、竹は聖なるものと穢れたものとに跨がる両義的な植物であった。これらの竹が帯びるとされてきた霊力のほとんどは、沖浦さんによれば、「今日では科学的に究明され、その実体が明らかにされている」（第三章）という。またしても、なにやら香具師の口上のような気もするが、判断は読者のそれぞれに委ねることにしよう。

ここで、主語を竹から沖浦和光に置き換えてみるのもいい。沖浦さんが「分類概念をはみ出した特異な」、また「はっきりした境界を持たないマージナルな、実体が曖昧なカオス的」存在であり、「聖なるものと穢れたものとに跨がる両義的な」存在であったことは、沖浦さんに触れたことのあるだれもが感じ取っていたことではなかったか。沖浦さんは名づけがたき存在であった。そもそも歴史家だったのか、民俗学者だったのか、それとも……。どこか禍々しい忌みものめいていながら、ときには世俗を突き抜けた清澄さをたたえ、ときには「超自然的な、神秘的な」佇まいすら感じさせた、そんな芸能的な知の達人であったかと思う。

この本はどこか、沖浦さんによる自画像の試みであったような気がしてならない。沖浦さんは竹のように謎めいた人であった。竹藪に棲む巫者であった。なにより野巫の人であった。そして、もはや、この世の人ではない。だから、年若い読者たちには、その残された書物を仲立ちとして、この異形の歴史家に出会ってほしい、とわたしは心より願う。

最後の章の末尾の言葉に眼を凝らしておきたい。

特に「人に非ず」「穢れ多し」というような烙印を押されて、差別の中で抑圧されてきた近世の時代の被差別民史は、まさしく不条理と悲惨の歴史であったことはまぎれもない事実である。しかし、そのような光のさしこまぬ暗い歴史のなかでも、彼らは伝統的技能と新しい創造でもって仕事にはげみ、古くから伝承されてきた民俗と文化の一端を担ってきたのだ。さまざまの苦しみと悲しみがあったが、差別と闘いながら人間としての生がキラリと光る側面も少なくなかった。竹取翁以来の〈竹の民俗〉を担ってきた竹細工もその一つであった。この世を生き抜くためには、自由を希求する人間のひとりとして、その夢と希望を最後まで失うことはできなかった。

……このように日本の歴史の奥底まで分け入ってみると、日本文化の深層には、差別され抑圧されてきた民衆によって担われてきた〈賤民文化〉という、大きい地下伏流が走っていることが分かってくる。

堰を切ったように、沖浦さんの抑えてきた想いがほとばしっている。真っすぐな言葉の群れだ。それにしても、この結びの一文はいくらか唐突な印象がある。いや、これは結ばれていない。沖浦さんは最後の言葉を呑み込んでいる。まるで、南の島のバンガローの窓をひたひたと叩く訪れ人の話をしたあとで、ふっと沈黙してしまった、あのときのように。

さて、かけられた謎をほどくのは、わたしであり、あなたである。たくさんの人に、竹藪に棲む巫者の声が届いてほしいと思う。

学習院大学教授

＊本書は、沖浦和光著『竹の民俗誌——日本文化の深層を探る——』（岩波新書、一九九一年九月二十日刊）を原本としています。

沖浦和光（おきうら・かずてる）

一九二七年、大阪に生まれる。一九五三年、東京大学文学部卒業、同大学院進学。桃山学院大学名誉教授。専攻は比較文化論、社会思想史。日本の数多くの被差別部落を訪れ調査を行った。また、日本はもとより、アジアの辺境、都市、島嶼を歩き、日本文化の深層の研究・調査に専念した。二〇一五年没。

著書に『近代の崩壊と人類の未来』（日本評論社）『日本民衆文化の原郷』（解放出版社）『天皇の国・賤民の国』（弘文堂）『瀬戸内の民俗誌』（岩波新書）『インドネシアの寅さん』（岩波書店）『「部落史」論争を読み解く』（解放出版社）『幻の漂泊民・サンカ』（文藝春秋）『「悪所」の民俗誌』（文春新書）『旅芸人のいた風景』（文春新書）『部落史の先駆者・高橋貞樹』（筑摩書房）『宣教師ザビエルと被差別民』（筑摩選書）『沖浦和光著作集（全六巻）』（現代書館）など多数。

共著に『アジアの聖と賤』『日本の聖と賤（三部作）』（以上四作は野間宏との対談、人文書院）『浮世の虚と実』『芸能史の深層』（以上二作は三國連太郎との対談、解放出版社）『ケガレ』（宮田登との対談、解放出版社）『辺境の輝き』（五木寛之との対談、岩波書店）『佐渡の風土と被差別民』（編著、現代書館）『渡来の民と日本文化』（川上隆志との共著、現代書館）など多数。

竹《たけ》の民俗誌《みんぞくし》［新装版］
――日本文化の深層を探る――

二〇一八年四月二十日　第一版第一刷発行

著　者　沖浦和光
発行者　菊地泰博
発行所　株式会社 現代書館
東京都千代田区飯田橋三―二―五
郵便番号　102-0072
電　話　03(3221)1321
FAX　03(3262)5906
振　替　00120-3-83725

組　版　具羅夢
印刷所　平河工業社（本文）
東光印刷所（カバー）
製本所　積信堂
装　幀　中山銀士+金子暁仁

校正協力・高梨恵一／迎田睦子

 ISBN978-4-7684-7010-7

現代書館

佐渡の風土と被差別民
歴史・芸能・信仰・金銀山を辿る
沖浦和光 編

佐渡は文化・芸能の十字路。流人島として順徳天皇、日蓮、世阿弥等の多くの人が流刑。江戸時代に佐渡金銀山が発見され、また北前船の中継基地として財力を蓄え、文化・芸術が花開く。一方では様々な強い差別も生じた。これらを重層的に解明する。
2000円＋税
沖浦和光・川上隆志 著
渡来の民と日本文化
歴史の古層から現代を見る
朝鮮、中国などの東アジア文化圏からの渡来人はヤマト王朝成立、また日本文化の重層的な形成にいかなる役割をはたしたのか。巨大氏族・秦氏ら多様な渡来の民の足跡を、政治、経済、産業、技術、芸能の視点から東アジアを視野に追究する。
2200円＋税
前田速夫・前田憲二・川上隆志 著
渡来の原郷
白山・巫女（ムダン）・秦氏の謎を追って
古代日本に多大な影響を与えた朝鮮の文化のなかで、白山信仰、巫女（ムダン）、秦氏の朝鮮発祥の地のフィールドワークを行う。その成果を基に、これらの道の第一人者の前田速夫が白山、前田憲二が巫女、川上隆志が秦氏を新たな視点で展開する。
2200円＋税

祭祀と異界
渡来の祭りと精霊への行脚
前田憲二 著

日本と朝鮮の文化、祭りや芸能、神事をテレビ・映画で約250本も撮り続けた、この道の第一人者前田憲二監督が、朝鮮・中国・東アジア・北方地域から、日本の文化・芸能・祭りが受けた多大な影響を解明し、日本の精神構造の基層に挑む。

2200円＋税

海を渡った白山信仰
前田速夫 著

「白山信仰」研究の第一人者が新たな視座で書き下ろす。朝鮮はもとより、ユーラシア大陸にハクサンの本源としてのシラの言葉、シラの付く山が多く存在することに注目し、その壮大な視点から、日本の白山信仰の成り立ちを画期的に追究する。

2000円＋税

江戸の金山奉行 大久保長安の謎
川上隆志 著

長安の出自は秦氏の末裔？ で能楽師。武田家に仕えた後、家康と邂逅し金山奉行として石見、佐渡等の金銀山開発で初期幕府の財政基盤を確立、交通網の整備で流通ネットワークを形成する。これら江戸社会の土台作りにも貢献した謎多き男の歴史ルポ。

2000円＋税

現代書館

三角寛サンカ選集　第六巻

サンカ社会の研究

三角寛のサンカ研究を集大成し話題をよんだ研究論文。第一章　序論篇／第二章　生活篇／第三章　分布篇／第四章　社会構造篇／第五章　戦後におけるサンカ社会の変化とその動向／**解題・沖浦和光**（桃山学院大学名誉教授）

5000円＋税

三角寛サンカ選集　第七巻

サンカの社会資料編

第六巻を補完する研究論文。三角寛撮影・サンカの生態記録写真集（95頁）／附・サンカの炙り出し秘密分布表（写真）「サンカ社会の研究」概要／全国サンカ分布地図（折込み）／全国サンカ分布表／サンカ用語集／サンカ薬用・食用植物一覧。

4500円＋税

筒井　功　著

漂泊の民サンカを追って

サンカの魅力に取り憑かれた元新聞記者が箕作りの村々を訪ねサンカの人々に出会う。そこには三角寛の『サンカ社会の研究』に登場する人々も存在していた。箕作り、ウメアイ等サンカの生活が具体的に語られ三角寛の虚々実々の世界が現実性を帯びる。

2300円＋税

三浦寛子　著

父・三角寛

サンカ小説家の素顔

戦前は『銭形平次』の野村胡堂と並ぶ流行作家としてサンカ小説を確立、戦後は池袋に人世坐、文芸坐を創設した三角寛。その一人娘が作家、実業家、そして父としての日常や交友関係、女性関係等、父・三角寛の赤裸々な波乱万丈の人生を語る。

2000円＋税

今井照容　著〈第25回尾崎秀樹記念　大衆文学研究賞受賞〉

三角寛「サンカ小説」の誕生

「三角寛サンカ選集」全15巻（小社刊）で平成のサンカブームを巻き起した三角寛は、昭和初めに朝日新聞の事件記者となり、その後『オール讀物』等でサンカ小説家として一世を風靡する。彼の作品の解読から、戦中の日本の精神史を探る。**荒俣宏氏絶賛！**

3200円＋税

東日本部落解放研究所　編

東日本の部落史

Ⅰ　関東編／Ⅱ　東北・甲信越編／Ⅲ　身分・生業・文化編

丹念な調査で各地の実態に迫る東日本の部落史の集大成。東北・関東・甲信越・伊豆地方の厖大な地域史料から、東日本の部落の歴史と文化の全容を解く初の本格的論集。Ⅰ・Ⅱ巻は各県別部落史、Ⅲ巻は身分・生業・文化をテーマに中世・近世・近代を紐解く。

Ⅰ巻・Ⅱ巻は3800円＋税、Ⅲは3300円＋税

定価は二〇一八年四月一日現在のものです。